2025

全国监理工程师（水利工程）学习丛书

建设工程质量控制

（水利工程）

中国水利工程协会　组织编写

中国水利水电出版社
www.waterpub.com.cn

·北京·

内 容 提 要

　　根据全国监理工程师职业资格考试水利工程专业科目考试大纲，中国水利工程协会在《建设工程质量控制（水利工程）》（第四版）的基础上组织修订了本书。全书共六章，主要内容包括水利工程质量控制概述、工程施工阶段的质量控制、专业工程施工质量控制要点、水利工程质量检验与验收、工程质量缺陷与工程质量事故、工程质量控制的统计分析方法等。

　　本书具有较强的实用性，可作为全国监理工程师（水利工程）职业资格考试辅导用书，也可作为其他水利工程技术管理人员的培训用书和大专院校相关专业师生的参考用书。

图书在版编目（CIP）数据

建设工程质量控制：水利工程 / 中国水利工程协会
组织编写. -- 北京：中国水利水电出版社，2025. 1.
（全国监理工程师（水利工程）学习丛书：2025版）.
ISBN 978-7-5226-3100-4

Ⅰ. TV52

中国国家版本馆CIP数据核字第2024EQ3098号

书　　名	全国监理工程师（水利工程）学习丛书（2025版） **建设工程质量控制（水利工程）** JIANSHE GONGCHENG ZHILIANG KONGZHI （SHUILI GONGCHENG）	
作　　者	中国水利工程协会　组织编写	
出版发行	中国水利水电出版社 （北京市海淀区玉渊潭南路 1 号 D 座　100038） 网址：www.waterpub.com.cn E - mail：sales@mwr.gov.cn 电话：（010）68545888（营销中心）	
经　　售	北京科水图书销售有限公司 电话：（010）68545874、63202643 全国各地新华书店和相关出版物销售网点	
排　　版	中国水利水电出版社微机排版中心	
印　　刷	清淞永业（天津）印刷有限公司	
规　　格	184mm×260mm　16 开本　11.75 印张　279 千字	
版　　次	2025 年 1 月第 1 版　2025 年 1 月第 1 次印刷	
定　　价	**50.00 元**	

建设工程质量控制（水利工程）（第五版）
编 审 委 员 会

序

当前，在以水利高质量发展为主题的新阶段，水利行业深入贯彻落实习近平总书记"节水优先、空间均衡、系统治理、两手发力"治水思路和关于治水重要论述，加快发展水利新质生产力，统筹高质量发展和高水平安全、高水平保护，推动水利高质量发展、保障我国水安全；以进一步全面深化水利改革为动力，着力完善水旱灾害防御体系、实施国家水网重大工程、复苏河湖生态环境、推进数字孪生水利建设、建立健全节水制度政策体系、强化体制机制法治管理，大力提升水旱灾害防御能力、水资源节约集约利用能力、水资源优化配置能力、江河湖泊生态保护治理能力。水利工程建设进入新一轮高峰期，建设投资连续两年突破万亿元，建设项目量大、点多面广，建设任务艰巨，水利工程建设监理队伍面临着新的挑战。水利工程建设监理行业需要积极适应新阶段要求，提供高质量的监理服务。

中国水利工程协会作为水利工程行业自律组织，始终把水利工程监理行业自律管理、编撰专业书籍作为重要业务工作。自 2007 年编写出版"水利工程建设监理培训教材"第一版以来，已陆续修订了四次。近三年来，水利工程建设领域的一些法律、法规、规章、规范性文件和技术标准陆续出台或修订，适时进行教材修订十分必要。

本版学习丛书主要是在第四版全国监理工程师（水利工程）学习丛书的基础上编写而成的。本版学习丛书总共为 9 分册，包括：《建设工程监理概论（水利工程）》《建设工程质量控制（水利工程）》《建设工程进度控制（水利工程）》《建设工程投资控制（水利工程）》《建设工程监理案例分析（水利工程）》《水利工程建设安全生产管理》《水土保持监理实务》《水利工程建设环境保护监理实务》《水利工程金属结构及机电设备制造与安装监理实务》。

希望本版学习丛书能更好地服务于全国监理工程师（水利工程）学习、培训、职业资格考试备考，便于从业人员系统、全面和准确掌握监理业务知识，提升解决实际问题的能力，为推动水利高质量发展、保障我国水安全作出新的更大的贡献。

中国水利工程协会

2024 年 12 月 6 日

前　言

　　本册《建设工程质量控制（水利工程）》是全国监理工程师（水利工程）学习丛书的组成分册。本次编写依据相关法律、法规、规章、规范性文件和标准的规定和要求，结合全国监理工程师职业资格考试水利工程专业科目考试大纲《建设工程目标控制》，主要在第四版全国监理工程师（水利工程）学习丛书的基础上编写而成的。其中，删除了第二章招标和勘察设计的质量控制内容；第四章增加了部分专业工程质量控制要点；根据法律法规、规章的变化修改了相关内容。

　　本书由华北水利水电大学刘英杰主编、统稿；第一章由华北水利水电大学王博修订；第二章、第四章由华北水利水电大学刘英杰修订；第三章第一节、第二节、第三节由华北水利水电大学颜廷松修订；第三章第四节、第五节由华北水利水电大学吕艺生修订。另外，河南华北水电工程监理有限公司赵瑞霞、肖旭光、张智晓、吴元也参与了修订工作。全书由中水淮河规划设计研究有限公司伍宛生、华北水利水电大学聂相田主审。

　　本书编写中参考和引用了参考文献中的部分内容，谨向这些文献的作者致以衷心的感谢！

　　限于作者水平，书中难免有不妥之处，恳请读者批评指正。

编　者

2024 年 12 月 6 日

目 录

第一章 水利工程质量控制概述

质量发展是兴国之道、强国之策。质量反映一个国家的综合实力，是企业和产业核心竞争力的体现，也是国家文明程度的体现；既是科技创新、资源配置、劳动者素质等因素的集成，又是法治环境、文化教育、诚信建设等方面的综合反映。质量问题是经济社会发展的战略问题，关系可持续发展，关系人民群众切身利益，关系国家形象。

建设工程是人们日常生活和生产、经营、工作的主要场所，是人类生存和发展的物质基础。建设工程的质量，不仅关系到生产经营活动的正常运行，也关系到人民生命财产安全。建设工程一旦出现质量问题，特别是发生重大垮塌事故，将危及人民生命财产安全，损失巨大，影响恶劣。因此，百年大计，质量第一，必须确保建设工程的安全可靠。

第一节 建设工程质量基本概念

一、质量管理相关概念

（一）质量

依据《质量管理体系 基础和术语》（GB/T 19000—2016），质量的定义是：客体的一组固有特性满足要求的程度。

（1）客体是指可感知或可想象到的任何事物，包括产品、服务、过程、人员、组织、体系、资源等。

（2）特性是指可区分的特征。特性可以是固有的或赋予的，也可以是定量的或定性的。"固有的"就是指在某事或某物中本来就有的，尤其是那种永久的特性。这里的质量特性就是指"固有的"特性，而不是"赋予的"特性（如某一产品的价格）。质量特性作为评价、检验和考核的依据，如物理特性（强度、硬度、耐酸碱性能、耐腐蚀性能、防渗性能、防冻性能等）、功能性能（防洪、发电、灌溉、供水等）、时间性能（可靠性、可持续性等）。

（3）"要求"是指明示的、通常隐含的或必须履行的需求或期望。

1）"明示的"是指规定的要求，如在合同、规范、标准等文件中阐明的或用户明确提出的要求。

2）"通常隐含的"是指组织、顾客、其他相关方的惯例和一般做法，所考虑的需求或期望是不言而喻的。一般情况下，顾客或相关文件（如标准）中不会对这类要求给出明确的规定，供方应根据自身产品的用途和特性加以识别。

3）"必须履行的"是指法律、法规要求的或有强制性标准要求的。组织在产品实现过程中必须执行这类标准。

特定要求可使用限定词表示，如产品要求、质量管理要求、顾客要求、质量要求等。要求可由不同的相关方或组织自己提出，不同的相关方对同一产品的要求可能是不同的，也就是说对质量的要求除考虑要满足用户的需要外，还要考虑其他相关方即组织自身利益、提供原材料和零部件的供方的利益和社会的利益等。为实现较高的顾客满意度，可能有必要满足那些顾客既没有明示，也不是通常隐含或必须履行的期望。

质量要求可以是有关任何方面的，如有效性、效率或可追溯性等。

质量的差、好或者是优秀是由产品固有特性满足要求的程度来反映的。

（4）质量具有时效性和相对性。

1）质量的时效性。组织应根据顾客和相关方需求和期望的变化，不断地调整对质量的要求。

2）质量的相对性。组织、顾客和其他相关方可能对同一产品的功能提出不同要求，也可能对同一产品的同一功能提出不同的需求。需求不同，质量要求也就不同。

（二）质量控制

依据《质量管理体系 基础和术语》（GB/T 19000—2016），质量控制的定义是：质量控制是质量管理的一部分，致力于满足质量要求。

质量控制的目标是满足质量要求，包括质量控制过程中的风险、机遇及潜在变更，组织需要进行有效控制，以达到如下效果：①所确定的质量要求满足顾客及相关方的要求；②产品或服务能达到期望；③在质量控制过程中不断采取新的方法和措施，使产品或服务质量不断提升、改进。

（1）质量控制活动的内容。质量控制活动内容如下：

1）确定控制对象，例如一道工序、设计过程、制造过程等。

2）规定控制标准，即详细说明控制对象应达到的质量要求。

3）制定具体的控制方法，例如工艺规程。

4）明确所采用的检验方法，包括检验手段。

5）实际进行检验。

6）说明实际与标准之间有差异的原因。

7）为解决差异而采取的行动。

（2）质量控制过程中应考虑的问题。质量控制过程中应考虑以下问题：

1）生产或服务提供的整个周期，包括交付后的活动要求。

2）组织应确定所需资源并保证资源的投入。

3）潜在的变更以及这些变更对质量的影响。

4）若有外包，需控制外包产品或服务质量。

5）产品或服务的质量可追溯性。

6）产品或服务的质量防护。

（三）质量保证

依据《质量管理体系 基础和术语》（GB/T 19000—2016），质量保证的定义是：质量保证是质量管理的一部分，致力于提供质量要求会得到满足的信任。

质量保证是以质量控制为基础，进一步引申到提供信任这一基本目的，而信任是通过提供证据来达到的。提供证据的方法通常有：供方合格声明、提供形成文件的基本证据、提供其他用户的认定证据、用户亲自审核、由第三方进行审核、提供经国家认可的认证机构出具的认证证据。

根据目的不同可将质量保证分为外部质量保证和内部质量保证。外部质量保证指在合同或其他情况下，向用户或其他方提供足够的证据，表明产品、过程或体系满足质量要求，取得用户和其他方的信任，让他们对质量放心。内部质量保证指的是在一个组织内部向管理者提供证据，以表明产品、过程或体系满足质量要求，取得管理者的信任，让管理者对质量放心。内部质量保证是组织领导的一种管理手段，外部质量保证才是其目的。

（四）质量管理

依据《质量管理体系　基础和术语》（GB/T 19000—2016），管理是指挥和控制组织的协调活动。质量管理是关于质量的管理，可包括制定质量方针和目标，以及通过质量策划、质量保证、质量控制和质量改进实现这些质量目标的过程。

方针是由最高管理者正式发布的组织的宗旨和方向。质量方针是关于质量的方针。通常，质量方针与组织的总方针相一致，可以与组织的愿景和使命相一致，并为制定质量目标提供框架。

目标是要实现的结果。目标可以涉及不同领域，如财务、职业健康、安全环境等，也可应用于不同的层次，如战略、项目、产品等。质量目标是关于质量的目标，通常依据组织的质量方针制定。

质量策划致力于制定质量目标并规定必要的运行过程和相关资源以实现质量目标；质量改进致力于增强满足质量要求的能力。质量保证和质量控制的概念在前文已述及。

体系是相互关联或相互作用的一组要素。管理体系是组织建立方针和目标以及实现这些目标的过程中相互关联或相互作用的一组要素。一个管理体系可以针对单一或几个领域，如质量管理、环境管理、财务管理等。管理体系的要素包括组织结构、岗位职责、策划、运行、方针、规划、理念、目标以及实现这些目标的过程。

质量管理体系是管理体系中关于质量的部分。质量管理体系是通过周期性改进，随着时间的推移而进化的动态系统，它为策划、完成、监视和改进质量管理活动的绩效提供了框架。质量管理体系的建立应注意以下问题：

（1）质量管理体系无须复杂化，而是要准确反映组织的需求。

（2）质量管理体系随着组织的学习和环境的变化而逐渐完善。

（3）定期监视和评价质量管理体系的执行情况及绩效状况，及时采取改进和纠正措施。

基于过程的质量管理体系如图1-1所示。

（五）全面质量管理

全面质量管理在早期称为TQC（Total Quality Control），后来随着进一步发展而演化成为TQM（Total Quality Management）。菲根堡姆于1961年在其《全面质量管理》一书

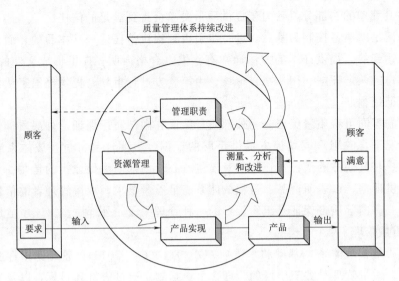

图 1-1　基于过程的质量管理体系

中首先提出了全面质量管理的概念:"全面质量管理是为了能够在最经济的水平上,并考虑到充分满足用户要求的条件下进行市场研究、设计、生产和服务,把企业内各部门研制质量、维持质量和提高质量的活动构成为一体的一种有效体系。"这个定义强调了以下三个方面:首先,这里的"全面"一词是相对于统计质量控制中的"统计"而言的。也就是说要生产出满足顾客要求的产品,提供顾客满意的服务,单靠统计方法控制生产过程是很不够的,必须综合运用各种管理方法和手段,充分发挥组织中每一个成员的作用,从而更全面地去解决质量问题。其次,"全面"还相对于制造过程而言。产品质量有个产生、形成和实现的过程,这一过程包括市场研究、研制、设计、制定标准、制定工艺、采购、配备设备与工装、加工制造、工序控制、检验、销售、售后服务等多个环节,它们相互制约、共同作用的结果决定了最终的质量水准。仅仅局限于只对制造过程实行控制是远远不够的。再次,质量应当是"最经济的水平"与"充分满足顾客要求"的完美统一,离开经济效益和质量成本去谈质量是没有实际意义的。

全面质量管理是以质量为中心,全员参与为基础,旨在通过让顾客满意和本组织所有成员及社会受益,而达到长期成功的管理途径。

全面质量管理的基本核心是提高人的素质,增强质量意识,调动人的积极性,人人做好本职工作,通过抓好工作质量来保证和提高产品质量或服务质量。

全面质量管理是一种现代的质量管理。它重视人的因素,强调全员参加、全过程控制、全企业实施的质量管理。首先,它是一种现代管理思想,从用户需要出发,树立明确而又可行的质量目标;其次,它要求形成一个有利于产品质量实施系统管理的质量体系;最后,它要求把一切能够促进提高产品质量的现代管理技术和管理方法,都运用到质量管理中来。

1. 全面质量管理的基本方法

全面质量管理的特点集中表现在全面质量管理、全过程质量管理、全员质量管理三个方面。美国质量管理专家戴明（W. E. Deming）把全面质量管理的基本方法概括为四个阶段、八个步骤，简称 PDCA 循环，又称"戴明环"。

（1）计划阶段。又称 P（Plan）阶段，主要是在调查问题的基础上制订计划。计划的内容包括确立目标、活动等，以及制定完成任务的具体方法。这个阶段包括八个步骤中的前四个步骤：查找问题，进行排列，分析问题产生的原因，制定对策和措施。

（2）实施阶段。又称 D（Do）阶段，就是按照制订的计划和措施去实施，即执行计划。这个阶段是八个步骤中的第五个步骤，即执行措施。

（3）检查阶段。又称 C（Check）阶段，就是检查生产（如设计或施工）是否按计划执行，其效果如何。这个阶段是八个步骤中的第六个步骤，即检查采取措施后的效果。

（4）处理阶段。又称 A（Action）阶段，就是总结经验和清理遗留问题。这个阶段包括八个步骤中的最后两个步骤：建立巩固措施，即把检查结果中成功的做法和经验加以标准化、制度化，并使之巩固下来；提出尚未解决的问题，转入到下一个循环。

在 PDCA 循环中，处理阶段是一个循环的关键。PDCA 循环过程是一个不断解决问题、不断提高质量的过程，如图 1-2 所示。同时，在各级质量管理中都有一个 PDCA 循环，形成一个大环套小环，一环扣一环，互相制约，互为补充的有机整体，如图 1-3 所示。在 PDCA 循环中，一般来说，上一级循环是下一级循环的依据，下一级循环是上一级循环的落实和具体化。

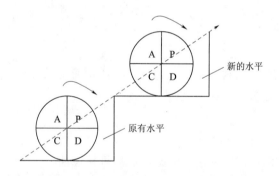
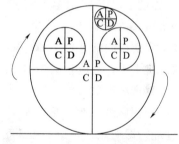

图 1-2　PDCA 循环中提高质量过程示意图　　　图 1-3　PDCA 循环过程示意图

2. 全面质量管理的基本观点

（1）"质量第一"的观点。

"质量第一"是推行全面质量管理的思想基础。工程质量的好坏，不仅关系到国民经济的发展及人民生命财产的安全，而且直接关系到企事业单位的信誉、经济效益、生存和发展。因此，在工程项目的建设全过程中，所有人员都必须牢固树立"质量第一"的观点。

（2）"用户至上"的观点。

"用户至上"是全面质量管理的精髓。工程项目用户至上的观点，包括两个含义：①直接或间接使用工程的单位或个人；②在企事业单位内部，生产（设计、施工）过程中下一道工序为上一道工序的用户。

（3）预防为主的观点。

工程质量的好坏是设计、建筑出来的，而不是检验出来的。检验只能确定工程质量是否符合标准要求，但不能从根本上决定工程质量的高低。全面质量管理必须强调从检验把关变为工序控制，从管质量结果变为管质量因素，防检结合，预防为主，防患于未然。

（4）用数据说话的观点。

工程技术数据是实行科学管理的依据，没有数据或数据不准确，则无法对质量进行评价。全面质量管理就是以数理统计方法为基本手段，依靠实际数据资料，作出正确判断，进而采取正确措施，进行质量管理。

（5）全面质量管理的观点。

全面质量管理突出一个"全"字，要求实行全员、全过程、全企业的管理。因为工程质量的好坏，涉及企业的每个部门、每个环节和每个职工。各项管理既相互联系，又相互作用，只有共同努力、齐心管理，才能全面保证建设项目的质量。

（6）一切按 PDCA 循环进行的观点。

坚持按照计划、实施、检查、处理的循环过程办事，是进一步提高工程质量的基础。经过一次循环对事物内在的客观规律就有进一步的认识，从而制订出新的质量计划与措施，使全面质量管理工作及工程质量不断提高。

二、质量与建设工程质量

(一) 建设工程质量的内涵及其特点

1. 建设工程质量的内涵

建设工程质量通常有狭义和广义之分。从狭义上讲，建设工程质量通常指工程产品质量；而从广义上讲，则应包括工程产品质量和工作质量两个方面。

（1）工程产品质量。

建设工程的质量特性主要表现在以下几个方面：

1）性能。即功能，是指工程满足使用目的的各种性能，包括机械性能（如强度、弹性、硬度等）、理化性能（尺寸、规格、耐酸碱、耐腐蚀）、结构性能（大坝强度、稳定性）、使用性能（大坝防洪、发电等）。

2）时间性。工程产品的时间性是指工程产品在规定的使用条件下，能正常发挥规定功能的工作总时间，即服役年限。如水库大坝能正常发挥挡水、防洪等功能的工作年限。一般来说，由于筑坝材料（如混凝土）的老化，水库的淤积和其他自然力的作用，水库大坝能正常发挥规定功能的工作时间是有一定限制的。机械设备（如水轮机等）也可能由于达到疲劳状态或机械磨损、腐蚀等原因而限制其寿命。

3）可靠性。工程产品的可靠性是指工程在规定的时间内和规定的条件下，完成规定的功能能力的大小和程度。符合设计质量要求的工程，不仅要求在竣工验收时要达到规定的标准，而且要在一定的时间内保持应有的正常功能。

4）经济性。工程产品的经济性表现为工程产品的造价或投资、生产能力或效益及其生产使用过程中的能耗、材料消耗和维修费用的高低等。对工程产品而言，首先从精心的规划工作开始，在详细研究各种资料的基础上，作出合理的、切合实际的可行性研究，进一步作出施工图设计。设计过程中尽可能采用新技术、新材料、新工艺，做到优化设计，并精心组织施工，节省投资，以创造符合设计要求的工程产品。在工程投入运行后，应加强工程管理，提高生产能力，降低运行、维修费用，提高经济效益。工程产品的经济性，应体现在工程建设的全过程。

5）安全性。工程产品的安全性是指工程产品在使用和维修过程中的安全程度。如水库大坝在规范规定的荷载条件下应能满足强度和稳定的要求，并有足够的安全系数。在工程施工和运行过程中，应能保证人身和财产免遭危害，大坝应有足够的抗地震能力、防火等级，以及机械设备安装运转后的操作安全保障能力等。

6）适应性与环境的协调性。工程的适应性表现为工程产品适应外界环境变化的能力。如在我国南方建造大坝时应考虑到水头变化较大，而北方要考虑温差较大。除此之外，工程还要与其周围生态环境协调，以适应可持续发展的要求。

（2）工作质量。

工作质量是指参与工程项目建设的各方，为了保证建设工程质量所做的组织管理工作和生产全过程各项工作的水平和完善程度。工作质量包括社会工作质量和生产过程工作质量。社会工作质量，如社会调查、市场预测、质量回访和保修服务等；生产过程工作质量，如政治工作质量、管理工作质量、技术工作质量、后勤工作质量等。建设工程质量是多单位、各环节工作质量的综合反映，而工程产品质量又取决于施工操作和管理活动各方面的工作质量。因此，保证工作质量是确保建设工程质量的基础。

2. 建设工程质量的特点

工程项目建设由于涉及面广，是一个极其复杂的综合过程，特别是大型工程，具有建设周期长、影响因素多、施工复杂等特点，使得工程项目的质量不同于一般工业产品的质量，主要表现在以下几个方面：

（1）形成过程的复杂性。一般工业产品质量从设计、开发、生产、安装到服务各阶段，通常由一个企业来完成，质量易于控制。而工程产品质量由咨询单位、设计单位、承包人、材料供应商等来完成，故质量形成过程比较复杂。

（2）影响因素多。影响工程项目质量的因素很多，诸如决策、设计、材料、机械、施工工序、操作方法、技术措施、管理制度及自然条件等，都直接或间接地影响到工程项目的质量。

（3）波动性大。因为工程建设不像工业产品生产，有固定的生产流水线、规范化的生产工艺和完善的检测技术，以及成套的生产设备和稳定的生产环境。工程项目本身的复杂性、多样性和单件性，决定了其质量的波动性大。

（4）质量隐蔽性。工程项目在施工过程中，由于工序交接多、中间产品多、隐蔽工程多，若不及时检查并发现其存在的质量问题，很容易产生第二类判断错误，即将不合格的产品误认为是合格的产品。

（5）终检的局限性。工程项目建成后不可能像一般工业产品那样依靠终检来判断产品质量，或将产品拆卸、解体来检查其内在的质量，或对不合格零部件进行更换。工程项目的终检（竣工验收）无法通过工程内在质量的检验发现隐蔽的质量缺陷。因此，工程项目的终检存在一定的局限性。这就要求工程质量控制应以预防和过程控制为主，防患于未然。

（二）工程建设全过程对质量的影响

建设工程质量的形成贯穿工程建设全过程。前期工作准备不足、设计深度不够、施工过程质量管理不严等，都会造成工程质量下降，安全隐患增加。因此，必须重视质量形成各阶段对工程质量的影响。

1. 确定并严格执行合理的工程建设周期

（1）科学确定合理工期。前期阶段要根据实际情况对工程进行充分评估、论证，从保证工程安全和质量的角度，科学确定合理工期及每个阶段所需的合理时间。要严格遵守基本建设程序，坚决防止边勘察、边设计、边施工。

（2）严格执行合理工期。在工程招标投标时，要将合理的工期安排作为招标文件的实质性要求和条件。与中标方签订的建设工程合同应明确勘察、设计、施工等环节的合理周期，相关单位要严格执行。

（3）严肃工期调整。建设工程合同要严格规定工期调整的前提和条件，坚决杜绝任何单位和个人任意压缩合同约定工期，严禁不顾客观规律随意干预工期调整。确需调整工期的，必须经过充分论证，并采取相应措施，通过优化施工组织等，确保工程质量。

2. 做好工程前期及开工前的准备工作

工程开工前的准备工作是保证工程安全质量的基础环节。要充分做好规划、可行性研究、初步设计、招标投标、征地拆迁等各阶段的准备工作，为有效预防质量事故打下坚实基础。

（1）可行性研究报告要对涉及工程质量的重大问题进行专门分析、评价，提出应对方案。工程初步设计必须达到规定深度要求，严格执行工程建设强制性标准，提出专门的质量保证措施，并对施工方案提出相应要求。工程开工前要切实做好拆迁和安置工作，减少工程质量隐患，为项目顺利实施创造良好的外部环境。

（2）工程招标投标要体现质量要求。建设单位应将强制性质量标准等作为招标文件的实质性要求和条件。招标投标确定的中标价格要体现合理造价要求，建立防范低于成本价中标的机制，杜绝报价过低带来的质量问题。勘察、设计、监理、施工、材料和设备等在招标过程中，应在招标文件的合同条款中对工程质量以及相应的义务和责任作出明确约定。

3. 加强工程实施过程质量管理

工程实施是工程实体质量形成的关键环节。实施阶段要落实各方质量责任，加强设计、监理服务、施工质量管理，提高工程质量意识，减少工程质量问题。

（1）建设单位要全面负起管理职责。建设单位是项目实施管理总牵头单位，要根据事前确定的设计、施工方案，组织设计、施工、监理等单位加强安全质量管理，确保工程质量。

（2）加强设计服务，降低工程风险。设计单位要加强项目实施过程中的驻场设计服务，了解现场施工情况，对施工单位发现的设计错误、遗漏或对设计文件的疑问，要及时予以解决。要根据项目进展情况，不断优化设计方案，降低工程风险。

（3）加强施工管理，切实保障工程质量。施工单位要按照设计图纸和技术标准进行施工，严格执行有关质量的要求，控制施工人员质量行为，把好原材料、半成品、预制构件质量关，保证工程实体质量。

（4）加强施工监理，减少质量隐患。监理应确保施工的关键部位、关键环节、关键工序质量控制到位，严格按批准的施工方案组织施工，避免或减少质量隐患。

4. 强化工程验收质量管理

工程验收是评价工程质量是否满足要求的重要环节。要严格按照国家有关规定和技术标准开展验收工作，将工程质量作为工程验收的重要内容。工程质量达到规定要求的，方可通过验收；工程质量未达到要求的，要及时采取补救措施，直至符合工程相关质量验收标准后，方可交付使用。

（三）建设工程质量与投资、进度的关系

质量、投资、进度被称为建设工程项目三大控制目标，它是工程建设各方主体的中心任务。建设过程是围绕着三大目标而开展的，建设工程质量与投资、进度之间存在着相互制约的关系。

1. 建设工程质量与质量成本

质量成本为防止产品或服务出现不合格，以及产品或服务不合格带来的损失而支出的费用。质量成本包括预防成本、鉴定成本和损失成本（内部损失成本和外部损失成本）。

（1）预防成本是指为了防止不合格产品、过程或服务而开展活动的所有相关成本。如质量策划、培训、新产品评审、供方调查、质量改进会议、加工能力评估、质量保证人员工资。

（2）鉴定成本是指为确保产品、过程和服务符合要求而开展的测量、评估及与之相关的成本。如检验成本、检验设备、检验员工资、审核费、认证成本、检查监督成本等。

（3）损失成本。内部损失成本是指向顾客交付产品或服务前所发生的成本，如废品、不合格品的评审，返工返修，重新检验，降级，效率低等。外部损失成本是指向顾客交付产品或服务期间和之后所引发的成本，如顾客索赔、顾客投诉处理、保修、顾客退货、产品召回、政府处罚等。

现代质量成本理论曲线如图1-4所示。

由图1-4可知，鉴定成本和预防成本投入越高，损失成本越小，总质量成本就会越小。但鉴定成本和预防成本达到一定程度，质量达到了一定的要求，尤其对建设工程产品质量而言，再提高质量已经没有空间了，这时增加鉴定成本和

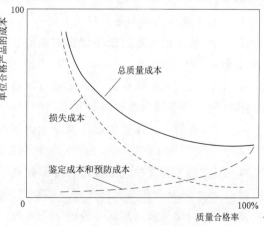

图1-4 现代质量成本理论曲线

预防成本对质量已经达不到提高的目标了。另外，提高质量标准，也会造成施工成本增加。因此，质量要求过高也会造成一种浪费。只有确定适度的工程建设质量标准，才能达到既保证建设工程的稳定长效运营，提高投资的收益，又不会增加太多的建设期投资成本的效果。

2.进度与质量的关系

不合理地加快工程建设进度，会影响施工质量，甚至可能会造成质量事故。反而言之，工程建设质量标准越高，施工时必将越精工细作，即相对的工期就要延长；但因施工时精工细作，工程质量随之提高，必将减少施工过程中出现的返工现象，相对而言，减少了因返工对进度的影响，也可缩短工期。因此，质量和进度之间也是相互制约的。

三、强制性标准体系

(一)《水利工程建设标准强制性条文》(2020 年版) 产生的背景

依据《中华人民共和国标准化法》的规定，对保障人身健康和生命财产安全、国家安全、生态环境安全以及满足经济社会管理基本需求的技术要求，应当制定强制性国家标准。目前水利行业强制性标准分为全文强制和条文强制两种形式，标准的全部技术内容需要强制时，为全文强制形式；标准中的部分技术内容需要强制时，为条文强制形式，即强制性条文。

水利工程建设标准强制性条文是水利部贯彻落实国务院《建设工程质量管理条例》的重要举措，是水利工程建设全过程中的强制性技术规定，是参与水利工程建设活动各方必须执行的强制性技术要求，也是对水利工程建设实施政府监督的技术依据。

强制性条文的内容是从现行标准中摘录、汇编的，是直接涉及人的生命财产安全、人身健康、水利工程安全、环境保护、能源和资源节约及其公众利益，且必须执行的技术条款。

(二) 与质量相关的强制性条文

《水利工程建设标准强制性条文》(2020 年版) 分为四篇，包括水利工程设计、水利工程施工、劳动安全与卫生、水利工程验收。本书重点阐述水利工程施工篇中关于质量的主要条文。

1.《水工碾压混凝土施工规范》(SL 53—1994)

1.0.3　施工前应通过现场碾压试验验证碾压混凝土配合比的适应性，并确定其施工工艺参数。

4.5.5　每层碾压结束后，应及时按网格布点检测混凝土的压实容重。所测容重低于规定指标时，应立即重复检测，并查找原因，采取处理措施。

4.5.6　连续上升铺筑的碾压混凝土，层间允许间隔时间（系指下层混凝土拌合物加水时起到上层混凝土碾压完毕为止）应控制在混凝土初凝时间以内。

4.7.1　施工缝及冷缝必须进行层面处理，处理合格后方能继续施工。

2.《水工混凝土施工规范》(SL 677—2014)

3.6.1　拆除模板的期限，应遵守下列规定：

(1) 不承重的侧面模板，混凝土强度达到 2.5MPa 以上，保证其表面及棱角不因拆模而损坏时，方可拆除。

（2）钢筋混凝土结构的承重模板，混凝土达到下列强度后（按混凝土设计强度标准值的百分率计），方可拆除：

1）悬臂板、梁：跨度 $L \leqslant 2m$，75%；跨度 $L > 2m$，100%。

2）其他梁、板、拱：跨度 $L \leqslant 2m$，50%；2m < 跨度 $L \leqslant 8m$，75%；跨度 $L > 8m$，100%。各种预埋件应待混凝土达到设计要求的强度，并经安全验收合格后，方可启用。

3.《水工建设物水泥灌浆施工技术规范》（SL/T 62—2020）

8.1.1 接缝灌浆应在库水位低于灌区底部高程的条件下进行。蓄水前应完成蓄水初期最低库水位以下各灌区的接缝灌浆及验收工作。

四、ISO 9000 质量管理体系及其他管理体系

（一）ISO 9000 系列标准的产生和发展

ISO 9000 系列标准是国际标准化组织（International Organization for Standardization，ISO）制定的国际标准之一。

国际标准化组织（ISO）为适应国际贸易和质量管理的发展需要，于 1987 年首次发布 ISO 9000 系列标准，并于 1994 年、2000 年、2008 年和 2015 年进行了四次修订。为了更好地与国际接轨，我国于 1992 年"等同采用"ISO 9000 系列标准发布了 GB/T 19000 系列标准，并根据 ISO 9000 系列标准进行了相应的修订。

ISO 9000 系列标准遵循管理科学的基本原则，以系统论、自我完善与持续改进的思想，明确了影响企业产品/服务质量有关因素的管理与控制要求，并且作为质量管理的通用标准，适用于所有行业/经济领域的组织。

（二）ISO 9000 系列标准的组成

修订后的 ISO 9000 系列标准核心仍包括四个组成部分，即由 ISO 9000、ISO 9001、ISO 9004、ISO 9011 组成。

（1）《质量管理体系　基础和术语》（ISO 9000）。

（2）《质量管理体系　要求》（ISO 9001）。

（3）《质量管理体系　业绩改进的指南》（ISO 9004）。

（4）《质量管理体系　质量和（或）环境管理体系审核的指南》（ISO 9011）。

（三）质量管理体系标准的作用

ISO 9000 制定了有关质量的基本概念、原则、过程和资源的框架，提出了明确的质量管理体系要求，以帮助组织实现其目标，旨在增强组织在满足其顾客和相关方的需求和期望以及在实现其产品和服务的满意方面的义务和承诺意识。通常应用于下列情况：

（1）通过实施质量管理体系，需求持续成功的组织。

（2）对组织稳定提供符合其要求的产品和服务的能力寻求信任的顾客。

（3）对在供应链中期产品和服务要求能得到满足需求信任的组织。

（4）需求促进相互沟通的组织和相关方。

（5）依据 ISO 9001 的要求进行合格评定的组织。

（6）质量管理的培训、评价和咨询的提供者。

（四）ISO 9000 标准系列的八大管理原则

1. 以顾客为关注焦点

组织依存于顾客，它只有赢得和保持顾客和其他有关相关方的信任才能获得持续成功。因此，组织应当理解顾客当前和未来的需求，满足顾客要求并争取超越顾客期望。

2. 领导作用

领导者确立组织统一的宗旨及方向，应当创造并保持使员工能充分参与实现组织目标的内部环境。有效的领导作用和承诺，可使组织的人员更好地理解他们如何为质量管理体系作出贡献，也将有助于组织持续达到预期结果。

3. 全员参与

各级人员都是组织之本，只有他们的充分参与，才能使他们的才干为组织带来收益。为了有效和高效地管理组织，各级人员得到尊重并参与其中是极其重要的。可通过提高人员参与度，促进个人发展，激发主动性和创造力，来增强整个组织内的相互信任和协作。

4. 过程方法

将活动和相关的资源作为过程进行管理，可以更高效地得到期望的结果。

5. 管理的系统方法

将相互联系的过程作为系统加以识别、理解和管理，有助于组织提高实现目标的有效性和效率。

6. 持续改进

持续改进总体业绩是组织的一个长远目标。持续改进对于组织保持当前的绩效水平，对其内、外部条件的变化作出反应，并创造新的机会，都是非常必要的。

7. 基于事实的决策方法

有效决策建立在数据和信息分析的基础上。决策是一个复杂的过程，并且总包含不确定性。对事实、数据的分析使得决策更加客观、可信。

8. 与供方的互利关系

相关方会影响组织的绩效。组织与供方是相互依存的，互利的关系可增强双方创造价值的能力。

（五）其他管理体系

除 ISO 9000 系列标准之外，目前 ISO 发布的管理体系还有环境管理体系（ISO 14001）和英国标准协会等提出的职业健康安全管理体系（Occupational Health and Safety Management Systems，OHSMS 18001）。

环境管理体系（ISO 14001）围绕环境方针的要求展开环境管理，管理的内容包括制定环境方针、实施并实现环境方针所要求的相关内容、对环境方针的实施情况与实现程度进行评审并予以保持等。ISO 14001 认证适用于任何组织，包括企业、事业及相关政府单位，通过认证后可证明该组织在环境管理方面达到了国际水平，能够确保对企业各过程、产品及活动中的各类污染物控制达到相关要求，有助于企业树立良好的社会形象。

职业健康安全管理体系旨在为组织规定有效的职业安全管理体系所应具备的要素。这些要素与其他管理要素结合，帮助组织实现职业健康目标与经济目标。OHSMS 18001 包含了可进行客观审核的要求，职业健康安全方针，适用法律法规要求和组织应遵守的其他要求，防止伤害和健康损害，持续改进和职业健康安全绩效要求。

第二节　水利工程质量管理制度体系

为了加强对建设工程质量的管理，保证建设工程质量，保护人民生命和财产安全，国家出台了一系列与工程质量相关的法律、法规、规章、规范性文件及相关标准。

一、法律法规

1.《中华人民共和国民法典》（主席令第 45 号，2021 年 1 月 1 日起施行）

第七百九十七条　发包人在不妨碍承包人正常作业的情况下，可以随时对作业进度、质量进行检查。

第七百九十八条　隐蔽工程在隐蔽以前，承包人应当通知发包人检查。发包人没有及时检查的，承包人可以顺延工程日期，并有权请求赔偿停工、窝工等损失。

第七百九十九条　建设工程竣工后，发包人应当根据施工图纸及说明书、国家颁发的施工验收规范和质量检验标准及时进行验收。验收合格的，发包人应当按照约定支付价款，并接收该建设工程。

建设工程竣工经验收合格后，方可交付使用；未经验收或者验收不合格的，不得交付使用

第八百条　勘察、设计的质量不符合要求或者未按照期限提交勘察、设计文件拖延工期，造成发包人损失的，勘察人、设计人应当继续完善勘察、设计，减收或者免收勘察、设计费并赔偿损失。

第八百零一条　因施工人的原因致使建设工程质量不符合约定的，发包人有权请求施工人在合理期限内无偿修理或者返工、改建。经过修理或者返工、改建后，造成逾期交付的，施工人应当承担违约责任。

2.《中华人民共和国建筑法》（主席令第 91 号，2019 年修正）

第五十四条　建设单位不得以任何理由，要求建筑设计单位或者建筑施工企业在工程设计或者施工作业中，违反法律、行政法规和建筑工程质量、安全标准，降低工程质量。

建筑设计单位和建筑施工企业对建设单位违反前款规定提出的降低工程质量的要求，应当予以拒绝。

第五十五条　建筑工程实行总承包的，工程质量由工程总承包单位负责，总承包单位将建筑工程分包给其他单位的，应当对分包工程的质量与分包单位承担连带责任。分包单位应当接受总承包单位的质量管理。

第五十八条　建筑施工企业对工程的施工质量负责。

建筑施工企业必须按照工程设计图纸和施工技术标准施工，不得偷工减料。工程设计的修改由原设计单位负责，建筑施工企业不得擅自修改工程设计。

3.《建设工程质量管理条例》（国务院令第 279 号，2019 年国务院令第 714 号修改）

《建设工程质量管理条例》规定了建设单位质量责任、勘察设计单位质量责任、监理单位质量责任、施工单位质量责任等各方质量责任，细化了质量责任制度和监督管理制度。

第三十九条 建设工程实行质量保修制度。

建设工程承包单位在向建设单位提交工程竣工验收报告时，应当向建设单位出具质量保修书。质量保修书中应当明确建设工程的保修范围、保修期限和保修责任等。

第四十三条 国家实行建设工程质量监督管理制度。

国务院建设行政主管部门对全国的建设工程质量实施统一监督管理。国务院铁路、交通、水利等有关部门按照国务院规定的职责分工，负责对全国的有关专业建设工程质量的监督管理。

县级以上地方人民政府建设行政主管部门对本行政区域内的建设工程质量实施监督管理。县级以上地方人民政府交通、水利等有关部门在各自的职责范围内、负责对本行政区域内的专业建设工程质量的监督管理。

二、规章及规范性文件

1.《水利工程质量管理规定》（水利部令第 52 号，2023 年 3 月 1 日起施行）

第五条 项目法人或者建设单位（以下统称项目法人）对水利工程质量承担首要责任。勘察、设计、施工、监理单位对水利工程质量承担主体责任，分别对工程的勘察质量、设计质量、施工质量和监理质量负责。检测、监测单位以及原材料、中间产品、设备供应商等单位依据有关规定和合同，分别对工程质量承担相应责任。

项目法人、勘察、设计、施工、监理、检测、监测单位以及原材料、中间产品、设备供应商等单位的法定代表人及其工作人员，按照各自职责对工程质量依法承担相应责任。

第六条 水利工程实行工程质量终身责任制。项目法人、勘察、设计、施工、监理、检测、监测等单位人员，依照法律法规和有关规定，在工程合理使用年限内对工程质量承担相应责任。

《水利工程质量管理规定》在此基础上规定了各参建方的质量责任。

2. 其他规范性文件

2023 年 2 月，国务院印发《质量强国建设纲要》，六提升建设工程品质（十三）强化工程质量保障。全面落实各方主体的工程质量责任，强化建设单位工程质量首要责任和勘察、设计、施工、监理单位主体责任。严格执行工程质量终身责任书面承诺制、永久性标牌制、质量信息档案等制度，强化质量责任追溯追究。落实建设项目法人责任制，保证合理工期、造价和质量。推进工程质量管理标准化，实施工程施工岗位责任制，严格进场设备和材料、施工工序、项目验收的全过程质量管控。完善建设工程质量保修制度，加强运营维护管理。强化工程建设全链条质量监管，完善日常检查和抽查抽测相结合的质量监督检查制度，加强工程质量监督队伍建设，探索推行政府购买服务方式委托社会力量辅助工程质量监督检查。完善工程建设招标投标制度，将企业工程质量情况纳入招标投标评审，加强标后合同履约监管。

2023 年 8 月，水利部印发《深入贯彻落实〈质量强国建设纲要〉提升水利工程建设质量的实施意见》，提出了水利工程质量工作目标：到 2025 年，质量第一意识更加牢固，质量管理体系更加完善，质量创新能力进一步增强，质量管理能力明显提高，工程质量不断提升。

——质量第一意识更加牢固。以推动水利高质量发展的总体思路和目标为统领，进一步优化水利工程建设质量发展环境，筑牢水利工程建设领域质量责任意识。

——质量管理体系更加完善。水利工程建设质量管理体制机制、法规规章和标准体系更加健全，基本形成与新阶段水利高质量发展相适应的质量管理体系。

——质量创新能力进一步增强。水利工程质量创新政产学研用体系不断完善，技术研发投入和攻关能力持续加强，重要环节和关键领域的自主竞争力显著提升。

——质量管理能力明显提高。水利工程建设从业单位和从业人员的质量管控能力和水平显著提升，政府质量监管能力明显增强，数字化、网络化、智能化手段广泛应用。

——工程质量不断提升。水利工程建设质量整体水平全面提高，工程的可靠性、耐久性、适用性和先进性进一步增强，工程建设与生态环境更加协调，人民群众对水利工程满意度显著提高。

到 2035 年，水利工程品质显著提升，工程效益明显增强，先进质量文化蔚然成风，创新能力大幅提高，高素质人才队伍全面建立，水利工程质量管理体系和管理能力基本实现现代化。

三、相关标准

这里主要指质量管理相关标准，主要有《水利水电工程初步设计质量评定标准》（SL 521—2013）、《水利水电工程单元工程施工质量验收评定标准——发电电气设备安装工程》（SL 638—2013）、《水利水电工程单元工程施工质量验收评定标准——升压变电电气设备安装工程》（SL 639—2013）、《水利水电工程单元工程施工质量验收评定标准——水力机械辅助设备系统安装工程》（SL 637—2012）、《水利水电工程单元工程施工质量验收评定标准——水轮发电机组安装工程》（SL 636—2012）、《水利水电工程单元工程施工质量验收评定标准——水工金属结构工程》（SL 635—2012）、《水利水电工程单元工程施工质量验收评定标准——堤防工程》（SL 634—2012）、《水利水电工程单元工程施工质量验收评定标准——基地处理与基础工程》（SL 633—2012）、《水利水电工程单元工程施工质量验收评定标准——混凝土工程》（SL 632—2012）、《水利水电工程单元工程施工质量验收评定标准——土石方工程》（SL 631—2012）、《水利工程质量检测技术规程》（SL 734—2016）、《水利水电工程施工质量检验与评定规程》（SL 176—2007）、《水利水电建设工程验收规程》（SL 223—2008）等。

第三节　水利工程质量管理责任体系

为了加强水利工程质量管理，保证水利工程质量，推动水利工程建设高质量发展，根据《中华人民共和国建筑法》《建设工程质量管理条例》《建设工程勘察设计管理条例》等法律、行政法规；2023年1月，水利部修订了《水利工程质量管理规定》，明确了水利工程各参建方质量责任。

一、项目法人质量责任

（1）项目法人应当根据水利工程的规模和技术复杂程度明确质量管理机构，建立健全质量管理制度，落实质量责任，实施工程建设的全过程质量管理。

（2）项目法人应当将工程依法发包给具有相应资质等级的单位。

项目法人与参建单位签订的合同文件中，应当包括工程质量条款，明确工程质量要求，并约定合同各方的质量责任。

项目法人应当依法向有关的勘察、设计、施工、监理等单位提供与工程有关的原始资料。原始资料必须真实、准确、齐全。

（3）项目法人不得迫使市场主体以低于成本的价格竞标，不得任意压缩合理工期。

项目法人不得明示或者暗示勘察、设计、施工单位违反工程建设强制性标准，降低工程质量；不得明示或者暗示施工单位使用不合格的原材料、中间产品和设备。

（4）项目法人应当按照国家有关规定办理工程质量监督及开工备案手续，并书面明确各参建单位项目负责人和技术负责人。

（5）项目法人应当依据经批准的设计文件，组织编制工程建设执行技术标准清单，明确工程建设质量标准。

（6）项目法人应当组织开展施工图设计文件审查。未经审查合格的施工图设计文件，不得使用。

项目法人应当组织或者委托监理单位组织有关参建单位进行勘察、设计交底。

项目法人应当加强设计变更管理，按照规定履行设计变更程序。设计变更未经审查同意的，不得擅自实施。

（7）项目法人应当严格依照有关法律、法规、规章、技术标准、批准的设计文件和合同开展验收工作。工程质量符合相关要求的，方可通过验收。

（8）项目法人应当对参建单位的质量行为和工程实体质量进行检查，对发现的问题组织责任单位进行整改落实。对发生严重违规行为和质量事故的，项目法人应当及时报告具有管辖权的水行政主管部门或者流域管理机构。

（9）工程开工后，项目法人应当在工程施工现场明显部位设立质量责任公示牌，公示项目法人、勘察、设计、施工、监理等参建单位的名称、项目负责人姓名以及质量举报电话，接受社会监督。

工程竣工验收后，项目法人应当在工程明显部位设置永久性标志，载明项目法人、勘察、设计、施工、监理等参建单位名称、项目负责人姓名。

（10）项目法人应当按照档案管理的有关规定，及时收集、整理并督促指导其他参建单位收集、整理工程建设各环节的文件资料，建立健全项目档案，并在工程竣工验收后，办理移交手续。

（11）水利工程建设实行代建、项目管理总承包等管理模式的，代建、项目管理总承包等单位按照合同约定承担相应质量责任，不替代项目法人的质量责任。

二、勘察、设计单位质量责任

（1）勘察、设计单位应当在其资质等级许可的范围内承揽水利工程勘察、设计业务，禁止超越资质等级许可的范围或者以其他勘察、设计单位的名义承揽水利工程勘察、设计业务，禁止允许其他单位或者个人以本单位的名义承揽水利工程勘察、设计业务，不得转包或者违法分包所承揽的水利工程勘察、设计业务。

（2）勘察、设计单位应当依据有关法律、法规、规章、技术标准、规划、项目批准文件进行勘察、设计，严格执行工程建设强制性标准，保障工程勘察、设计质量。

（3）勘察、设计单位应当依照有关规定建立健全勘察、设计质量管理体系，加强勘察、设计过程质量控制，严格执行勘察、设计文件的校审、会签、批准制度。

（4）勘察单位提供的地质、测量、水文等勘察成果必须真实、准确，符合国家和相关行业规定的勘察深度要求。

（5）设计单位应当根据勘察成果文件进行设计，提交的设计文件应当符合相关技术标准规定的设计深度要求，并注明工程及其水工建筑物合理使用年限。

水利工程施工图设计文件，应当以批准的初步设计文件以及设计变更文件为依据。

（6）设计单位在设计文件中选用的原材料、中间产品和设备，应当注明规格、型号、性能等技术指标，其质量要求必须符合国家规定的标准。

除有特殊要求的原材料、中间产品和设备外，设计单位不得指定生产厂家和供应商。

（7）勘察、设计单位应当在工程施工前，向施工、监理等有关参建单位进行交底，对施工图设计文件作出详细说明，并对涉及工程结构安全的关键部位进行明确。

（8）勘察、设计单位应当及时解决施工中出现的勘察、设计问题。

设计单位应当根据工程建设需要和合同约定，在施工现场设立设计代表机构或者派驻具备相应技术能力的人员担任设计代表，及时提供设计文件，按照规定做好设计变更。

设计单位发现违反设计文件施工的情况，应当及时通知项目法人和监理单位。

（9）勘察、设计单位应当按照有关规定参加工程验收，并在验收中对施工质量是否满足设计要求提出明确的评价意见。

（10）设计单位应当参与水利工程质量事故分析，提出相应的技术处理方案。

三、监理单位质量责任

（1）监理单位应当在其资质等级许可的范围内承担水利工程监理业务，禁止超越资质等级许可的范围或者以其他监理单位的名义承担水利工程监理业务，禁止允许其他单位或者个人以本单位的名义承担水利工程监理业务，不得转让其承担的水利工程监理业务。

（2）监理单位应当依照国家有关法律、法规、规章、技术标准、批准的设计文件和合同，对水利工程质量实施监理。

（3）监理单位应当建立健全质量管理体系，按照工程监理需要和合同约定，在施工现场设置监理机构，配备满足工程建设需要的监理人员，落实质量责任制。

现场监理人员应当按照规定持证上岗。总监理工程师和监理工程师一般不得更换；确需更换的，应当经项目法人书面同意，且更换后的人员资格不得低于合同约定的条件。

（4）监理单位应当对施工单位的施工质量管理体系、施工组织设计、专项施工方案、归档文件等进行审查。

（5）监理单位应当按照有关技术标准和合同要求，采取旁站、巡视、平行检验和见证取样检测等形式，复核原材料、中间产品、设备和单元工程（工序）质量。

未经监理工程师签字，原材料、中间产品和设备不得在工程上使用或者安装，施工单位不得进行下一单元工程（工序）的施工。未经总监理工程师签字，项目法人不拨付工程款，不进行竣工验收。

平行检验中需要进行检测的项目按照有关规定由具有相应资质等级的水利工程质量检测单位承担。

（6）监理单位不得与被监理工程的施工单位以及原材料、中间产品和设备供应商等单位存在隶属关系或者其他利害关系。

监理单位不得与项目法人或者被监理工程的施工单位串通，弄虚作假、降低工程质量。

四、施工单位质量责任

（1）施工单位应当在其资质等级许可的范围内承揽水利工程施工业务，禁止超越资质等级许可的业务范围或者以其他施工单位的名义承揽水利工程施工业务，禁止允许其他单位或者个人以本单位的名义承揽水利工程施工业务，不得转包或者违法分包所承揽的水利工程施工业务。

（2）施工单位必须按照批准的设计文件和有关技术标准施工，不得擅自修改设计文件，不得偷工减料。

施工单位发现设计文件和图纸有差错的，应当及时向项目法人、设计单位、监理单位提出意见和建议。

施工单位应当严格施工过程质量控制，保证施工质量。

（3）施工单位应当建立健全施工质量管理体系，根据工程施工需要和合同约定，设置现场施工管理机构，配备满足施工需要的管理人员，落实质量责任制。

施工单位一般不得更换派驻现场的项目经理和技术负责人；确需更换的，应当经项目法人书面同意，且更换后的人员资格不得低于合同约定的条件。

（4）水利工程的勘察、设计、施工、设备采购的一项或者多项实行总承包的，总承包单位对其承包的工程或者采购的设备质量负责。

总承包单位依法将工程分包给其他单位的，分包单位按照分包合同的约定对其分包工程的质量向总承包单位负责，总承包单位与分包单位对分包工程的质量承担连带责任。分包单位应当接受总承包单位的质量管理。

禁止分包单位将其承包的工程再分包。

（5）施工单位必须按照经批准的设计文件、有关技术标准和合同约定，对原材料、中间产品、设备以及单元工程（工序）等进行质量检验，检验应当有检查记录或者检测报告，并有专人签字，确保数据真实可靠。对涉及结构安全的试块、试件以及有关材料，应当在项目法人或者监理单位监督下现场取样。未经检验或者检验不合格的，不得使用。

质量检测业务按照有关规定由具有相应资质等级的水利工程质量检测单位承担。

（6）施工单位应当严格执行工程验收制度。单元工程（工序）未经验收或者验收不通过的，不得进行下一单元工程（工序）施工。

施工单位应当做好隐蔽工程的质量检查和记录，隐蔽工程在隐蔽前，施工单位应当通知项目法人和水利工程质量监督机构。隐蔽工程未经验收或者验收不通过的，不得隐蔽。

（7）施工单位应当加强施工过程质量控制，形成完整、可追溯的施工质量管理文件资料，并按照档案管理的有关规定进行收集、整理和归档。主体工程的隐蔽部位施工、质量问题处理等，必须保留照片、音视频文件资料并归档。

（8）对出现施工质量问题的工程或者验收不合格的工程，施工单位应当负责返修或者重建。

（9）水利工程在保修范围和保修期限内发生质量问题的，施工单位应当履行保修义务，并对造成的损失承担赔偿责任。

水利工程的保修范围、期限，应当在施工合同中约定。

（10）发生质量事故时，施工单位应当采取措施防止事故扩大，保护事故现场，并及时通知项目法人、监理单位，接受质量事故调查。

五、其他单位质量责任（包括质量检测单位、监测单位、设备供应单位等）

（1）水利工程质量检测单位应当在资质等级许可的范围内承揽水利工程质量检测业务，禁止超越资质等级许可的范围或者以其他单位的名义承揽水利工程质量检测业务，禁止允许其他单位或者个人以本单位的名义承揽水利工程质量检测业务，不得转让承揽的水利工程质量检测业务。原材料、中间产品和设备供应商等单位应当在生产经营许可范围内承担相应业务。

（2）质量检测单位应当依照有关法律、法规、规章、技术标准和合同，及时、准确地向委托方提交质量检测报告并对质量检测成果负责。

质量检测单位应当建立检测结果不合格项目台账，并将可能形成质量隐患或者影响工程正常运行的检测结果及时报告委托方。

（3）监测单位应当依照有关法律、法规、规章、技术标准和合同，做好监测仪器设备检验、埋设、安装、调试和保护工作，保证监测数据连续、可靠、完整，并对监测成果负责。

监测单位应当按照合同约定进行监测资料分析，出具监测报告，并将可能反映工程安全隐患的监测数据及时报告委托方。

（4）质量检测单位、监测单位不得出具虚假和不实的质量检测报告、监测报告，不得篡改或者伪造质量检测数据、监测数据。

任何单位和个人不得明示或者暗示质量检测单位、监测单位出具虚假和不实的质量检测报告、监测报告，不得篡改或者伪造质量检测数据、监测数据。

（5）原材料、中间产品和设备供应商等单位提供的原材料、中间产品和设备应当满足有关技术标准、经批准的设计文件和合同要求。

六、政府质量监督责任

（1）县级以上人民政府水行政主管部门、流域管理机构在管辖范围内负责对水利工程质量的监督管理：

1）贯彻执行水利工程质量管理的法律、法规、规章和工程建设强制性标准，并组织对贯彻落实情况实施监督检查。

2）制定水利工程质量管理制度。

3）组织实施水利工程建设项目的质量监督。

4）组织、参与水利工程质量事故的调查与处理。

5）建立举报渠道，受理水利工程质量投诉、举报。

6）履行法律法规规定的其他职责。

（2）县级以上人民政府水行政主管部门可以委托水利工程质量监督机构具体承担水利工程建设项目的质量监督工作。

县级以上人民政府水行政主管部门、流域管理机构可以采取购买技术服务的方式对水利工程建设项目实施质量监督。

（3）县级以上人民政府水行政主管部门、流域管理机构、受委托的水利工程质量监督机构应当采取抽查等方式，对水利工程建设有关单位质量行为和工程实体质量进行监督检查。有关单位和个人应当支持与配合，不得拒绝或者阻碍质量监督检查人员依法执行职务。

水利工程质量监督工作主要包括以下内容：

1）核查项目法人、勘察、设计、施工、监理、质量检测等单位和人员的资质或者资格。

2）检查项目法人、勘察、设计、施工、监理、质量检测、监测等单位履行法律、法规、规章规定的质量责任情况。

3）检查工程建设强制性标准执行情况。

4）检查工程项目质量检验和验收情况。

5）检查原材料、中间产品、设备和工程实体质量情况。

6）实施其他质量监督工作。

质量监督工作不代替项目法人、勘察、设计、施工、监理及其他单位的质量管理工作。

（4）县级以上人民政府水行政主管部门、流域管理机构、受委托的水利工程质量监督机构履行监督检查职责时，依法采取下列措施：

1）要求被监督检查单位提供有关工程质量等方面的文件和资料。

2）进入被监督检查工程现场和其他相关场所进行检查、抽样检测等。

（5）县级以上人民政府水行政主管部门、流域管理机构、受委托的水利工程质量监督机构履行监督检查职责时，发现有下列行为之一的，责令改正，采取处理措施：

1）项目法人质量管理机构和人员设置不满足工程建设需要，质量管理制度不健全，未组织编制工程建设执行技术标准清单，未组织或者委托监理单位组织勘察、设计交底，未按照规定履行设计变更手续，对发现的质量问题未组织整改落实的。

2）勘察、设计单位未严格执行勘察、设计文件的校审、会签、批准制度，未按照规定进行勘察、设计交底，未按照规定在施工现场设立设计代表机构或者派驻具有相应技术能力的人员担任设计代表，未按照规定参加工程验收，未按照规定执行设计变更，对发现的质量问题未组织整改落实的。

3）施工单位未经项目法人书面同意擅自更换项目经理或者技术负责人，委托不具有相应资质等级的水利工程质量检测单位对检测项目实施检测，单元工程（工序）施工质量未经验收或者验收不通过擅自进行下一单元工程（工序）施工，隐蔽工程未经验收或者验收不通过擅自隐蔽，伪造工程检验或者验收资料，对发现的质量问题未组织整改落实的。

4）监理单位未经项目法人书面同意擅自更换总监理工程师或者监理工程师，未对施工单位的施工质量管理体系、施工组织设计、专项施工方案、归档文件等进行审查，伪造监理记录和平行检验资料，对发现的质量问题未组织整改落实的。

5）有影响工程质量的其他问题的。

（6）项目法人应当将重要隐蔽单元工程及关键部位单元工程、分部工程、单位工程质量验收结论报送承担项目质量监督的水行政主管部门或者流域管理机构。

第二章 工程施工阶段的质量控制

第一节 概 述

工程施工是使工程设计意图最终实现并形成工程实体的阶段，也是最终形成工程产品质量和工程项目使用价值的重要阶段。因此，施工阶段的质量控制是质量控制的重点。监理单位对工程施工的质量控制，要按照国家法律、法规、规章、标准和合同约定，围绕影响工程质量的各种因素，通过采取有效的质量控制方法，实施施工阶段质量控制。

一、施工质量控制的系统过程

施工阶段的质量控制是一个经由对投入的资源和条件的质量控制（事前控制）进而对生产过程及各环节质量进行控制（事中控制），直到对所完成的工程产出品的质量检验与控制（事后控制）为止的全过程的系统控制过程。

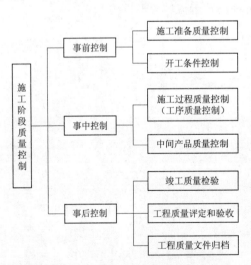

图 2-1 施工阶段质量控制系统过程

施工阶段的质量控制根据工程实体形成过程可以分为事前控制、事中控制、事后控制三个阶段，如图 2-1 所示。

（1）事前控制是施工准备阶段进行的质量控制，指在各工程对象，各项准备工作及影响质量的各因素和有关方面进行的质量控制，包括施工准备质量控制、开工条件控制等。

（2）事中控制是施工过程中进行的所有与施工过程有关各方面的质量控制，主要是工序和中间产品（单元、分部工程产品）的质量控制。

（3）事后控制是对于通过施工过程所完成的具有独立的功能和使用价值的最终产品（单位工程或整个工程项目）及其有关方面（例如质量文档）的质量进行控制。

二、质量控制的依据

施工阶段监理单位进行质量控制的依据，主要有以下几类。

（一）国家颁布的有关质量方面的法律、法规和规章

为了保证工程质量，监督规范建设市场，国家颁布的法律、法规和规章主要有《中华人民共和国建筑法》《建设工程质量管理条例》《水利工程质量管理规定》等。

（二）已批准的工程勘察设计文件、施工图纸及相应的设计变更与修改文件

工程勘察包括工程测量、工程地质和水文地质勘测等内容，工程勘测成果文件为工程项目选址、工程设计和施工提供科学可靠的依据，也是项目监理单位审批工程施工组织设计或施工方案、工程地基基础验收等工程质量控制的重要依据。

"按图施工"是施工阶段质量控制的一项重要原则，已批准的设计文件无疑是监理单位进行质量控制的依据。但是从严格质量管理和质量控制的角度出发，监理单位在施工前还应参加项目法人组织的设计交底工作，以达到了解设计意图和质量要求、发现图纸差错和减少质量隐患的目的。

（三）工程合同文件

建设工程监理合同、施工合同以及项目法人与其他相关单位签订的合同（材料采购合同、设备供应合同）等。建设工程监理委托合同中写有项目法人和监理单位有关质量控制的权利和义务的条款，施工承包合同中写有项目法人和施工单位有关质量控制的权利和义务的条款。项目监理单位既要履行建设工程监理合同条款，又要监督施工单位、材料设备供应单位履行有关工程质量合同条款。因此，项目监理单位人员应熟悉这些相应条款，当发生纠纷时，及时采取协商调解等手段予以解决。

合同中引用的有关原材料、半成品、构配件方面的质量标准，也是质量控制的重要依据，主要包括以下方面：

（1）有关产品的技术标准。有关产品的技术标准，如水泥、水泥制品、钢材、石材、石灰、砂、防水材料、建筑五金及其他材料的产品标准。

（2）有关检验、取样方法的技术标准。有关检验、取样方法的技术标准如《水泥细度检验方法筛析法》（GB/T 1345—2005）、《水泥化学分析方法》（GB/T 176—2017）、《水泥胶砂强度检验方法（ISO法）》（GB/T 17671—1999）、《普通混凝土用砂、石质量及检验方法标准》（JGJ 52—2006）、《建设用砂》（GB/T 14684—2011）、《建设用卵石、碎石》（GB/T 14685—2011）、《水工混凝土试验规程》（SL/T 352—2020）。

（3）有关材料验收、包装、标志的技术标准。有关材料验收、包装、标志的技术标准如《型钢验收、包装、标志及质量证明书的一般规定》（GB/T 2101—2017）、《钢铁产品牌号表示方法》（GB/T 221—2008）。

（4）控制施工作业活动质量的技术规程。控制施工作业活动质量的技术规程如电焊操作规程、混凝土施工操作规程等，是为了保证施工作业活动质量在作业过程中应遵照执行的技术规程。

凡采用新工艺、新技术、新材料的工程，事先应进行试验，并在权威性技术部门的技术鉴定书及有关的质量数据、指标基础上制定相应的质量标准和施工工艺规程，以此作为判断与控制质量的依据。根据《"采用不符合工程建设强制性标准的新技术、新工艺、新材料核准"行政许可实施细则》（建标〔2005〕124号），对于采用不符合工程建设强制性标准的新技术、新工艺、新材料时，应当由该工程的建设单位依法取得行政许可，并按照行政许可决定的要求实施。

（四）合同中引用的国家和行业的现行施工规范、施工工艺规程及验收规范、评定规程

国家和行业的现行施工规范和操作规程，是建立、维护正常的生产秩序和工作秩序的准则，也是为有关人员制定的统一行动准则，它是工程施工经验的总结，与质量形成密切相关，必须严格遵守。

（五）已批准的施工组织设计、施工措施计划

施工组织设计是施工单位进行施工准备和指导现场施工的规划性、指导性文件，它详细规定了施工单位应进行的工程施工的现场布置、人员组织配备和施工机具配置，每项工程的技术要求，施工工序和工艺、施工方法及技术保证措施，质量检查方法和技术标准等。

施工措施计划是专业工程（或部分工程）的施工指导性文件。

施工单位在工程开工前，必须提出对于所承包的建设项目的施工组织设计（或施工措施计划），报请监理单位审批。一旦获得批准，它就成为监理单位进行质量控制的重要依据之一。

（六）制造厂提供的设备安装说明书和有关技术标准

制造厂提供的设备安装说明书和有关技术标准，是施工安装单位进行设备安装必须遵循的重要的技术文件，也是监理单位对施工单位的设备安装质量进行检查和控制的依据。

三、施工质量控制方法

根据《水利工程施工监理规范》（SL 288—2014），监理机构施工阶段质量控制的主要方法有以下几种。

（一）现场记录

监理机构采用监理日记、监理日志、旁站记录等形式，记录每日施工现场或制造现场的人员、原材料、中间产品、元器件、构配件、工程设备、施工设备等作业现场资源情况和天气、作业环境、作业内容、生产安全、水土保持、环境保护、质量检验、存在的问题及其处理情况，以及各类变更、索赔事件等情况。现场记录是现场施工情况最基本的客观记载，也是质量评定、计量支付、索赔处理、合同争议解决等的重要原始记录资料。监理人员应认真、完整地对当日各种情况做详细的现场记录。对于隐蔽工程、重要部位和关键工序的施工过程，监理人员宜采用照相或摄像等手段予以记录。监理机构应妥善保管各类原始记录资料。

（二）发布文件

监理机构采用通知、指示、批复、确认等书面文件开展施工监理工作。发布文件既是施工现场监理的重要手段，也是处理合同问题的重要依据。

（三）旁站监理

监理机构按照监理合同约定和监理工作需要，对工程重要部位、关键工序以及工程设备的重要部件和整机装配的作业控制要点进行的过程见证、检查和记录。

1. 旁站监理内容

需要旁站监理的工程重要部位和关键工序一般包括下列内容，监理机构可视工程具体情况从中选择或增加。

(1) 土石方填筑工程的土料、砂砾料、堆石料、反滤料和垫层料压实工序。

(2) 普通混凝土工程、碾压混凝土工程、混凝土面板工程、防渗墙工程、钻孔灌注桩工程等的混凝土浇筑工序。

(3) 沥青混凝土心墙工程的沥青混凝土铺筑工序。

(4) 预应力混凝土工程的混凝土浇筑工序、预应力筋张拉工序。

(5) 混凝土预制构件安装工程的吊装工序。

(6) 混凝土坝坝体接缝灌浆工程的灌浆工序。

(7) 安全监测仪器设备安装埋设工程的监测仪器安装埋设工序，观测孔（井）工程的率定工序。

(8) 地基处理、地下工程和孔道灌浆工程的灌浆工序。

(9) 锚喷支护和预应力锚索加固工程的锚杆工序、锚索张拉锁定工序。

(10) 堤防工程堤基清理工程的基面平整压实工序，填筑施工的所有碾压工序，防冲体护脚工程的防冲体抛投工序，沉排护脚工程的沉排铺设工序。

(11) 金属结构安装工程的压力钢管安装、闸门门体安装等工程的焊接检验。

(12) 启闭机安装工程的试运行调试。

(13) 水轮机和水泵安装工程的导水机构、轴承、传动部件安装。

监理单位在监理工作过程中可结合批准的施工措施计划和质量控制要求，通过编制或修订监理实施细则，具体明确或调整需要旁站监理的工程部位和工序。

2. 旁站监理实施

旁站监理应符合下列规定：

(1) 监理机构应依据监理合同和监理工作需要，结合批准的施工措施计划，在监理实施细则中明确旁站监理的范围、内容和旁站监理人员职责，并通知承包人。

(2) 监理机构应严格实施旁站监理，旁站监理人员应及时填写旁站监理值班记录。

(3) 除监理合同约定外，发包人要求或监理机构认为有必要并得到发包人同意增加的旁站监理工作，其费用应由发包人承担。

（四）巡视检查

监理单位对所监理的工程项目进行定期或不定期的监督与检查，巡视检查要点内容可根据工程特点、施工方案、施工现场情况等具体确定。

（五）跟踪检测

监理单位对施工单位在质量检测中的取样和送样进行监督。跟踪检测费用由施工单位承担。跟踪检测是监理机构监督承包人的自检工作的一种手段。

实施跟踪检测的监理人员应监督承包人的取样、送样以及试样的标记和记录，并与承包人送样人员共同在送样记录上签字。发现承包人在取样方法、取样代表性、试样包装或送样过程中存在错误时，应及时要求予以改正。

跟踪检测的项目和数量（比例）应在监理合同中约定。其中，混凝土试样应不少于承包人检测数量的7%，土方试样应不少于承包人检测数量的10%。施工过程中，监理机构可根据工程质量控制工作需要和工程质量状况等确定跟踪检测的频次分布，但应对所有见证取样进行跟踪。

（六）平行检测

在承包人对原材料、中间产品和工程质量自检的同时，监理机构按照监理合同约定独立进行抽样检验，核验承包人的检验结果。

1. 平行检测数量

监理机构取样送有资质的实验室进行平行检测的项目和数量（比例）应在监理合同中约定，费用由发包人承担。其中，混凝土（含原材料、中间产品以及混凝土工程所涉及主要材料）试样应不少于承包人检测数量的3%，重要或关键部位每种强度等级的混凝土至少取样1组；土方（含土方工程所涉及相关材料等）试样应不少于承包人检测数量的5%，重要或关键部位至少取样3组。施工过程中，监理机构可根据工程质量控制工作需要和工程质量状况等确定平行检测的频次分布。根据施工质量情况需要增加平行检测项目、数量时，监理机构可向发包人提出建议，经发包人同意增加的平行检测费用由发包人承担。

2. 平行检测实施

平行检测是由监理机构组织实施的与承包人测量、试验等质量检测结果的对比性检测。根据《水利工程质量检测管理规定》和水利工程施工监理实际情况，对不同类别的检测，平行检测实施如下：

（1）需要通过实验室试验检测的项目，如水泥物理力学性能检测、砂石骨料常规检测、混凝土强度检测、砂浆强度检测、混凝土掺加剂检测、土工常规检测、砂石反滤料（垫层）常规检测、钢筋（含焊接与机械连接）力学性能检测、预应力钢绞线和锚夹具检测、沥青及其混合料检测等，由发包人委托或认可的具有相应资质的工程质量检测机构进行检测，但试样的选取应由监理机构确定。现场取样宜由工程质量检测机构实施，也可由监理机构实施。

（2）工程需要进行的专项检测试验，监理机构不进行平行检测。专项检测试验一般包括：地基及复合地基承载力静载检测、桩的承载力检测、桩的抗拔检测、桩身完整性检测、金属结构设备及机电设备检测、电气设备检测、安全监测设备检测、锚杆锁定力检测、管道工程压水试验、过水建筑物充水试验、预应力锚具检测、预应力锚索与管壁的摩擦系数检测等。

（3）单元工程（工序）施工质量检测可能对工程实体造成结构性破坏的，监理机构不做平行检测，但应对承包人的工艺试验进行平行检测。施工过程中监理机构应监督承包人严格按照工艺试验确定的参数实施。

3. 平行检测结果与承包人自检结果不一致时的处理

由于受随机因素的影响，平行检测结果与承包人的自检结果存在偏差是必然的。偏差应区分正常误差和系统偏差。只有发现系统偏差，才需要分析原因并采取措施。

若原材料平行检测试验结果不合格，承包人应双倍取样，如仍不合格，则该批次原材料定为不合格，不得使用；若不合格原材料已用于工程实体，监理机构应要求承包人进行工程实体检测，必要时可提请发包人组织设代机构等有关单位和人员对工程实体质量进行鉴定。

四、施工质量控制程序

（一）合同工程质量控制程序

合同工程质量控制程序如图 2-2 所示。

（1）监理单位应在施工合同约定的期限内，经项目法人同意后向施工单位发出开工通知，要求施工单位按约定及时调遣人员和施工设备、材料进场进行施工准备。开工通知中应载明合同开工日期。

（2）监理单位应协助项目法人向施工单位移交施工合同约定的应由项目法人提供的施工用地、道路、测量基准点以及供电、供水、通信设施等合同工程开工的必要条件。

（3）施工单位完成合同工程开工准备后，应向监理单位提交合同工程开工申请表。监理单位在检查项目法人和施工单位的施工准备满足开工条件后，应批复施工单位的合同工程开工申请。

（4）由于施工单位原因导致工程未能按施工合同约定时间开工的，监理单位应通知施工单位按合同约定书面报告，说明延误开工原因及赶工措施。由此增加的费用和工期延误造成的损失由施工单位承担。

（5）由于项目法人原因导致工程未能按施工合同约定时间开工的，监理单位在收到施工单位提出的顺延工期的要求后，应及时与项目法人和施工单位共同协商补救办法，由此增加的费用和工期延误造成的损失由项目法人承担。

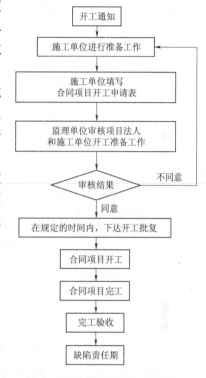

图 2-2　合同工程质量控制程序

（二）分部工程质量控制程序

监理单位应审批施工单位报送的每一份分部工程开工申请表，审核施工单位递交的施工措施计划，检查该分部工程的开工条件，确认后签发分部工程开工批复，如图 2-3 所示。

（三）单元工程（工序）质量控制程序

第一个单元工程在分部工程开工申请获批准后自行开工，后续单元工程凭监理单位签发的上一单元工程施工质量合格证明方可开工，如图 2-4 所示。

（四）混凝土浇筑开仓

监理单位应对施工单位报送的混凝土浇筑开仓报审表进行审核。符合开仓条件后，方

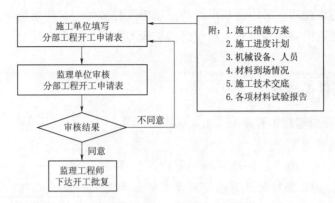

图 2-3 分部工程质量控制程序

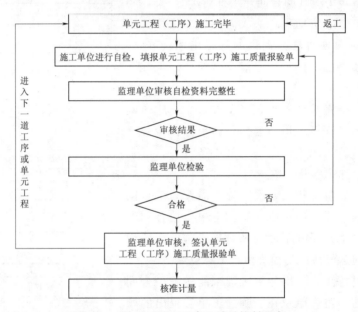

图 2-4 单元工程(工序)质量控制程序

可签发。

五、影响施工质量的因素

工程施工是一种物质生产活动。工程影响因素多,概括起来可归结为五个方面,分别是人(man)、材料(material)、设备(machine)、方法(method)及环境(environment),简称为"4M1E"。

(一)人的因素

各参建方主要人员的质量意识、技术水平、文化修养、心理行为、职业道德、个人信用、身体条件等因素对工程质量影响较大。

人的因素影响主要是指上述人员个人的质量意识及质量活动能力对施工质量造成的影响。目前水利行业实行的执业资格制度和管理及作业人员持证上岗制度等,从本质上说,就是对从事施工活动的人的素质和能力进行必要的控制。在施工质量管理中，人的因素起决定性的作用。所以，施工质量控制应以控制人的因素为基本出发点。人，作为控制对象，要避免产生失误，要充分调动人的积极性，以发挥"人是第一因素"的主导作用。

（二）材料因素

工程项目是由各种建筑材料、辅助材料、成品、半成品、构配件以及工程设备等构成的实体，这些材料、构配件本身的质量及其质量控制工作，对工程质量具有十分重要的影响。材料质量及工程设备不符合要求，工程质量也就不可能符合标准。为此，监理单位应对原材料和工程设备进行严格的控制。水利工程原材料质量控制具有以下特点：

（1）工程建设所需用的建筑材料、构件、配件等数量大，品种规格多，且分别来自众多的生产加工部门，故施工过程中，材料、构配件的质量控制工作量很大。

（2）水利水电工程施工周期长，短则几年，长则十几年，施工过程中各工种穿插、配合繁多，如土建与设备安装的交叉施工，使得监理单位的质量控制具有复杂性。

（3）工程施工受外界条件的影响较大，如运输条件，存放条件等，影响材料质量的因素多，且各种因素在不同环境条件下影响工程质量的程度也不尽相同。因此，监理单位对材料、构配件的质量控制具有较大困难。

（三）施工设备

施工设备的性能参数、数量、进场计划及到位情况等，对施工质量、进度和费用都有直接的影响。施工设备性能参数、进场数量、进场计划、进场设备情况能否满足施工需求，都会影响工程质量。

（四）施工方法

施工方法控制，包含工程项目整个建设周期内所采取的技术方案、工艺流程、组织措施、检测手段、施工组织设计等的控制。

施工方案合理与否、施工方法和工艺先进与否，均会对施工质量产生极大的影响，是直接影响工程项目的进度控制、质量控制、投资控制三大目标能否顺利实现的关键。在施工实践中，由于施工方案考虑不周、施工工艺落后而造成施工进度迟缓、质量下降、投资增加等情况时有发生。为此，监理单位审核施工方案和施工工艺时，必须结合工程实际，从技术、管理、经济、组织等方面进行全面分析，综合考虑，确保施工方案、施工工艺在技术上可行，在经济上合理，且有利于提高施工质量。

（五）环境因素

影响工程项目质量的施工环境因素较多，主要有技术环境、施工管理环境及自然环境。

技术环境因素包括施工所用的规程、规范、设计图纸及质量评定标准。

施工管理环境因素包括质量保证体系、"三检制"、质量管理制度、质量签证制度、质量奖惩制度等。

自然环境因素包括工程地质、水文、气象、温度等。

上述环境因素对施工质量的影响具有复杂而多变的特点，尤其是某些环境因素更是如此，如气象条件就是千变万化，温度、大风、暴雨、酷暑、严寒等均影响到施工质量。为此，监理单位要根据工程特点和具体条件，采取有效的措施，严格控制影响质量的环境因素，确保工程项目质量。

在工程质量形成的系统过程中，事前控制、事中控制对最终产品质量的形成具有决定性的作用，而所投入的物质资源的质量控制对最终产品质量又具有举足轻重的影响。所以，质量控制的系统过程中，无论是对投入物质资源的控制，还是对施工及安装生产过程的控制，都应当对影响工程实体质量的五个重要因素进行全面的控制。

第二节　施工准备的质量控制

一、合同项目开工条件的审查

施工准备的质量控制是事前控制内容。合同项目开工条件的审查内容，包括发包人和承包人两方面的准备工作。监理机构在合同工程开工前对发包人应提供条件的完成情况进行检查，对可能影响承包人按时进场和工程按期开工的问题提请发包人尽快采取有效措施予以解决。

在检查发包人和施工承包人的开工准备情况之前，监理机构应先完成自己的准备工作。

（一）监理机构的准备工作

根据《水利工程施工监理规范》（SL 288—2014），监理机构的准备工作包括：

（1）依据监理合同约定，进场后及时设立监理机构，配置监理人员，并进行必要的岗前培训。

（2）建立监理工作制度。

（3）提请发包人提供工程设计及批复文件、合同文件及相关资料。收集并熟悉工程建设法律、法规、规章和技术标准等。发包人应提供的文件资料包括：工程项目批准文件、设计文件及施工图纸、合同文件等。监理机构应熟悉工程建设有关文件；熟悉监理合同文件，了解自身的权利和义务；同时，应全面熟悉工程施工合同文件，严格按照合同约定处理和解决问题。

（4）依据监理合同约定接收由项目法人提供的交通、通信、办公设施和食宿条件等，完善办公和生活条件。

（5）组织编制监理规划，在约定的期限内报送发包人。监理规划应在合同约定的期限内，并在承包人提交的施工组织设计批准后，由总监理工程师主持编制。

（6）依据监理规划和工程进展，结合批准的施工措施计划，及时编制监理实施细则。

（二）发包人准备工作

根据《水利水电工程标准施工招标文件》（2009 年版），发包人准备工作包括：

1. 提供首批开工项目施工图纸

发包人应按技术标准和要求（合同技术条款）约定的期限和数量将施工图纸以及其他图纸（包括配套说明和有关资料）提供给承包人。

2. 移交测量基准点

（1）发包人应在专用合同条款约定的期限内，通过监理人向承包人提供测量基准点、基准线和水准点及其书面资料。

（2）发包人应对其提供的测量基准点、基准线和水准点及其书面资料的真实性、准确性和完整性负责。承包人发现发包人提供的上述基准资料存在明显错误或疏忽的，应及时通知监理人。

3. 提供施工用地

（1）项目法人应在合同双方签订合同协议书后14d内，将本合同工程的施工场地范围图提交给施工单位。项目法人提供的施工场地范围图应标明场地范围永久占地与临时占地的范围和界限，并指明提供给施工单位用于施工场地布置的范围、界限和有关资料。

（2）项目法人提供的施工场地范围在专用合同条款中约定。

（3）除专用合同条款另有约定外，项目法人应按技术标准和要求（合同技术条款）的约定，向施工单位提供施工场地内的工程地质图纸和报告，以及地下障碍物图纸等施工场地有关资料，并保证资料真实、准确、完整。

4. 施工合同中约定应由项目法人提供的道路、供电、供水、通信等条件

监理机构应协助发包人做好施工现场的"四通一平"工作，即通水、通电、通路、通信和场地平整。并在施工总体平面布置图中明确表明供水、供电、通信线路的位置，以及各施工单位从何处接水源、电源的说明，并将水、电送到各施工区，以免施工单位进入施工工作区后因无水、电供应延误施工，引起索赔。

（三）承包人准备工作

根据《水利水电工程标准施工招标文件》（2009年版），承包人准备工作包括：

1. 承包人派驻现场的主要管理人员、技术人员和特种作业人员检查

承包人派驻现场的主要管理人员、技术人员和特种作业人员应与施工合同文件一致。如有变化，应重新审查并报发包人认可。

主要管理人员、技术人员是指项目经理、技术负责人、施工现场负责人，以及造价、地质、测量、检测、安全、金结、机电设备、电气等技术人员。根据《水利工程建设安全生产管理规定》（水利部令第26号），特种作业人员主要包括垂直运输机械作业人员、安装拆卸工、爆破作业人员、起重信号工、登高架设作业人员等。

（1）承包人项目经理资格检查。

1）承包人应按合同约定指派项目经理，并保证其在约定的期限内到职。承包人更换项目经理应事先征得项目法人同意，并应在更换14d前通知发包人和监理人。承包人项目经理短期离开施工场地，应事先征得监理人同意，并委派代表代行其职责。

2）承包人为履行合同发出的一切函件均应盖有承包人授权的施工场地管理机构章，并由承包人项目经理或其授权代表签字。

3）承包人项目经理可以授权其下属人员履行其某项职责，但事先应将这些人员的姓名和授权范围通知监理人。

（2）承包人人员检查。

1）承包人应在接到开工通知后 28d 内，向监理人提交承包人在施工场地的管理机构以及人员安排的报告，其内容应包括管理机构的设置、各主要岗位的技术和管理人员名单及其资格，以及各工种技术工人的安排状况。承包人应向监理人提交施工场地人员变动情况的报告。

2）为完成合同约定的各项工作，承包人应向施工场地派遣或雇佣足够数量的下列人员：具有相应资格的专业技工和合格的普工；具有相应施工经验的技术人员；具有相应岗位资格的各级管理人员。

3）承包人安排在施工场地的主要管理人员和技术骨干应相对稳定。承包人更换主要管理人员和技术骨干时，应取得监理人的同意。

4）特殊岗位的工作人员均应持有相应的资格证明，监理人有权随时检查。监理人认为有必要时，可进行现场考核。

5）承包人应对其项目经理和其他人员进行有效管理。监理人要求撤换不能胜任本职工作、行为不端或玩忽职守的承包人项目经理或其他人员的，承包人应予以撤换。

2. 承包人进场施工设备的检查

检查承包人进场施工设备的数量、规格和性能是否符合施工合同约定，进场情况和计划是否满足开工及施工进度的要求。

（1）承包人应按合同进度计划的要求，及时配置施工设备。进入施工场地的施工单位设备需要经监理单位核查后才能投入使用。承包人更换合同约定的施工单位设备的，应报监理人批准。

（2）承包人使用的施工设备不能满足合同进度计划和（或）质量要求时，监理人有权要求施工单位增加或更换施工设备，承包人应及时增加或更换，由此增加的费用和（或）工期延误由承包人承担。

（3）除合同另有约定外，运入施工场地的所有施工设备以及在施工场地建设的临时设施应专用于合同工程。未经监理人同意，不得将上述施工设备和临时设施中的任何部分运出施工场地或挪作他用。经监理人同意，承包人可根据合同进度计划撤走闲置的施工设备。

（4）监理机构检查施工设备，除满足工程施工要求，还应符合《建设工程安全生产管理条例》相关规定。

3. 对原材料、中间产品和工程设备的检查

检查进场原材料、中间产品和工程设备的质量、规格、性能是否符合有关技术标准和技术条款的要求，原材料的储存量及供应计划是否满足开工及施工进度的需要。

4. 对承包人的检测条件或委托的检测机构的检查

监理人对承包人检测试验的质量控制，是对工程项目的材料质量、工艺参数和工程质量进行有效控制的重要途径。要求承包人检测试验室必须具备与所承包工程相适应并满足合同文件和技术规范、规程、标准要求的检测手段和资质。

主要检查内容如下：

（1）检测机构的资质等级和试验范围的证明文件（包括资格证书、承担业务范围及计量认证文件等）。

（2）法定计量部门对检测仪器、仪表和设备的计量检定证书、设备率定证明文件。

（3）检测人员的资格证书。

（4）检测仪器的数量及种类。

（5）相关管理制度。

5. 对基准点、基准线和水准点的复核和施工控制网

发包人应在合同约定的期限内，向承包人提供测量基准点、基准线和水准点及其平面控制网资料。承包人应依上述基准点、基准线以及国家测绘标准和本工程精度要求，在收到上述资料后的 28d 内进行必要的复核，并将施测的施工控制网资料提交监理人审批。监理人应在收到报批件后的 14d 内批复承包人。承包人在测量工作开始之前将测量人员的资格证明文件及测量设备检定证书报送监理人进行审批。

监理单位可以指示施工单位在监理单位监督下或联合施工单位进行抽样复测，当复测中发现有错误或出现超过合同约定的误差时，施工单位应按监理机构指示进行修正或补测，并承担相应的复测费用。

监理单位需要使用施工控制网时，施工单位应及时提供必要的协助，项目法人不再为此支付费用。

施工单位应负责管理好施工控制网点。施工控制网点丢失或损坏的，施工单位应及时修复。施工单位应承担施工控制网点的管理费和修复费。并在工程竣工后将施工控制网点移交给项目法人。

6. 检查砂石料系统、混凝土拌和系统或商品混凝土供应方案以及场内道路、供水、供电、供风及其他施工辅助加工厂、设施的准备情况

砂石料生产系统的配置，是根据工程设计图纸的混凝土用量及各种混凝土的级配比例，计算出的各种规格混凝土骨料的需用量，主要考虑日最大强度及月最大强度，确定系统设备的配置。砂石厂应设在料场附近；多料场供应时，应设在主料场附近；经论证亦可分别设厂；砂石利用率高、运距近、场地许可时，亦可设在混凝土工厂附近。主要设施的地基应稳定，有足够的承载力。

混凝土拌和系统选址，尽量选在地质条件良好的部位，拌和系统布置注意进出料高程，运输距离越小，生产效率越高。

对于场内交通运输，对外交通方案确保施工工地与国家或地方公路、铁路车站、水运港口之间的交通联系，具备完成施工期间外来物资运输任务的能力；场内交通方案确保施工工地内部各工区、当地材料场地、堆渣场、各生产区、各生活区之间的交通联系，主要道路与对外交通的衔接。除合同约定由项目法人提供的部分道路外，施工单位应负责修建、维修、养护和管理其施工所需的临时道路和交通设施（包括合同约定由项目法人提供的部分道路和交通设施的维修、养护和管理），并承担相应费用。

工地施工用水、生活用水和消防用水的水压、水质应满足相应的规定。施工供水量应满足不同时期日高峰生产用水和生活用水需要，并按消防用水量进行校核。生活和生产用水宜按水质要求、用水量、用户分布、水源、管道和取水建筑物的布置情况，通过技术经

济比较后确定集中或分散供水。

各施工阶段用电最高负荷宜按需要系数法计算。通信系统组成与规模应根据工程规模的大小、施工设施布置及用户分布情况确定。

7. 对承包人的质量保证体系和管理机构的检查

检查承包人质量保证体系的主要内容包括：

(1) 质量保证的组织和岗位责任。

(2) 质量保证的程序和手段。

(3) 质量保证的资源投入等。

8. 对承包人的安全生产管理机构和安全措施文件的检查

监理单位应按照相关规定核查施工单位的安全生产管理机构，以及安全生产管理人员的安全生产考核合格证书和特种作业人员的特种作业操作资格证书，并检查安全生产教育培训情况。检查施工单位安全措施文件的落实情况。

9. 施工组织设计、专项施工方案、施工措施计划、施工总进度计划、资金流计划、安全技术措施、度汛方案和灾害应急预案等文件的审查

开工之前或开工初期，监理单位应依据国家法律、法规、规范、技术标准等，结合招标文件要求和投标文件承诺审核专项施工方案、施工措施计划、施工总进度计划、资金流计划、安全技术措施、度汛方案和灾害应急预案等文件。

10. 承包人负责提供的施工图纸和技术文件的审核

承包人提供的施工图纸和技术文件是指由承包人负责设计的临时工程图纸和文件（包括临时工程的布置图、结构详图及其设计依据，以及监理机构认为需要提交的其他图纸和文件）。按专用合同条款约定由承包人提供的文件，包括部分工程的大样图、加工图等，承包人应按约定的数量和期限报送监理人。监理人应在专用合同条款约定的期限内批复。

11. 按照施工合同约定和施工图纸的需求进行的施工工艺试验和料场划分情况的检查

承包人应按合同约定或监理人指示进行现场工艺试验。对大型的现场工艺试验，监理人认为必要时，应由承包人根据监理人提出的工艺试验要求，编制工艺试验措施计划，报送监理人审批。

检查料场规划是否符合合同文件的要求、合理、满足施工需求。

12. 递交合同工程开工申请报告

施工单位在施工准备完成后递交合同工程开工申请报告，监理单位按照上述的内容进行检查，确定施工单位已完成，即可签发合同工程开工批复文件。

二、施工图纸核查

此处施工图核查是指监理人对施工图的核查。图纸指包含在合同中的工程图纸，以及发包人按合同约定提供的任何补充和修改的图纸，包括配套说明。

(一) 施工图纸核查和签发程序

(1) 工程施工所需的施工图纸，应经监理机构核查并签发后，承包人方可用于施工。承包人无图纸施工或按照未经监理机构签发的施工图纸施工，监理机构有权责令其停工、

返工或拆除，有权拒绝计量和签发付款证书。

（2）监理机构应在收到发包人提供的施工图纸后及时核查并签发。在施工图纸核查过程中，监理机构可征求承包人的意见，必要时提请发包人组织有关专家会审。监理机构不得修改施工图纸，对核查过程中发现的问题，应通过发包人返回设代机构处理。

（3）对承包人提供的施工图纸，监理机构应按施工合同约定进行核查，在规定的期限内签发。对核查过程中发现的问题，监理机构应通知承包人修改后重新报审。若承包人负责提供的设计文件和施工图纸涉及主体工程的，监理机构应报发包人批准。

（4）经核查的施工图纸应由总监理工程师签发，并加盖监理机构章。

（二）施工图核查内容

监理单位对施工图纸进行核查时，除了要重视施工图纸本身是否满足设计要求之外，还应注意从合同角度进行核查，保证工程质量，减少设计变更。对施工图纸的核查应侧重以下内容：

（1）施工图纸与招标图纸是否一致。

（2）各类图纸之间、各专业图纸之间、平面图与剖面图之间、各剖面图之间有无矛盾，标注是否清楚、齐全，是否有误。

（3）总平面布置图与施工图纸的位置、几何尺寸、标高等是否一致。

（4）施工图纸与设计说明、技术要求是否一致。

（5）其他涉及设计文件及施工图纸的问题。

（三）设计技术交底

为更好地理解设计意图，发包人应根据合同进度计划，组织设计单位向承包人进行设计交底。设计交底对正确贯彻设计意图，加深对设计文件难点、疑点的理解，确保工程质量有重要的意义。

根据《建设工程质量管理条例》，设计交底是在设计文件完成后，设计单位先将设计图纸交建设单位，由建设单位（监理单位）发施工单位后，再由设计单位将设计的意图、特殊的工艺要求，以及建筑、结构、设备等各专业在施工中的难点、疑点和容易发生的问题等向施工单位作统一说明，并负责解释施工单位对设计图纸的疑问。

三、施工组织设计审批

初步设计文件中的施工组织设计是水利水电工程设计文件的重要组成部分，是编制工程投资估算、设计概算和进行招投标的主要依据，是工程建设和施工管理的指导性文件。认真做好施工组织设计，对整体优化设计方案、合理组织工程施工、保证工程质量、缩短建设周期、降低工程造价都有十分重要的作用。

在施工投标阶段，施工单位根据招标文件中规定的施工任务、技术要求、施工工期及施工现场的自然条件，结合本单位的人员、机械设备、技术水平和经验，在投标书中编制了施工组织设计，对拟承包工程作出了总体部署，如工程准备采用的施工方法、施工工序、机械设备和技术力量的配置，内部的质量保证系统和技术保证措施。它是施工单位进行投标报价的主要依据之一。施工单位中标并签订合同后，这一施工组织设计也就成了施工合同文件的重要组成部分。在施工单位接到开工通知后，按合同约定时间，进一步提交了更为完备、具体的施工组织设计，报监理单位批准。对关键部位、工序或重点控制对象，在施工之前必须向监理单位提交更为详细的施工措施计划（或施工方案），经监理单位审批后方能进行施工。

（一）施工实施阶段的施工组织设计审批程序

审批施工组织设计等技术方案的工作程序及基本要求主要包括：

（1）施工单位编制及报审。施工单位要及时完成技术方案的编制及自审工作，并填写技术方案申报表，报送监理单位。

（2）监理机构审批。总监理工程师应在约定时间内，组织监理工程师审查，提出审查意见后，由总监理工程师审定批准。需要施工单位修改时，由总监理工程师签发书面意见，退回施工单位修改后再报审，总监理工程师要组织重新审定，审批意见由总监理工程师（施工措施计划可授权副总监理工程师或监理工程师）签发。必要时与项目法人协商，组织有关专家会审。

（3）施工单位按批准的技术方案组织施工，实施期间如需变更，需重新报批。监理单位审批施工组织设计程序如图2-5所示。

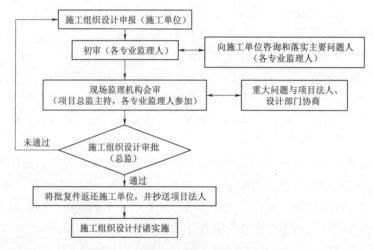

图2-5 监理单位审批施工组织设计程序

（二）施工组织设计审查内容

监理机构审批施工组织设计应注意以下几个方面：

（1）所选用的施工设备的型号、类型、性能、数量等，能否满足施工进度和施工质量的要求。

（2）施工单位检测实验室配备的试验和检测仪器设备是否满足工程试验要求。

（3）劳动力技术是否满足工程需求。

（4）工程质量、安全生产、文明施工、工程进度、技术措施等是否切实可行。

（5）关键工序、复杂环节技术措施，如冬雨季施工技术、减少噪声、降低环境污染、地下管线及其他地上地下设施的保护加固措施等是否切实可行。

审批施工组织设计时除按合同要求进行技术审查和商务审查外，还应按照《建设工程安全生产管理条例》和《水利工程建设安全生产管理规定》审查安全技术措施和施工现场临时用电方案是否符合工程建设强制性标准《工程建设强制性标准条文（水利工程部分）》，并提出明确意见。

四、工艺试验质量控制

承包人应按合同约定或监理人指示进行现场工艺试验，如混凝土配合比试验、土方碾压工艺试验、碾压混凝土碾压工艺试验、焊接工艺试验等。对大型的现场工艺试验，监理人认为必要时，应由承包人根据监理人提出的工艺试验要求，编制工艺试验措施计划，报送监理人审批。

（一）现场工艺试验质量控制程序

现场工艺试验质量控制程序应符合下列规定：

（1）监理机构应审批承包人提交的现场工艺试验方案，并监督其实施。

（2）现场工艺试验完成后，监理单位应确认承包人提交的现场工艺试验成果。

（3）监理单位应依据确认的现场工艺试验成果，审查承包人提交的施工措施计划中的施工工艺。

（4）对承包人提出的新工艺，监理机构应提请项目法人组织设计单位及有关专家对工艺试验成果进行评审认定。

（二）现场工艺试验质量控制注意事项

（1）施工过程中监理机构应监督承包人严格按照工艺试验确定的参数实施。

（2）在监理机构认为必要时，可提请发包人组织设计单位及有关专家共同观察工艺试验过程并研究确定工艺参数。

第三节　施工过程的质量控制

施工过程的质量控制主要包括材料和工程设备质量控制及工序质量控制。

一、材料和工程设备的质量控制

（一）材料、中间产品和工程设备质量控制程序

根据《水利水电工程标准施工招标文件（2009年版）》，材料和工程设备的质量控制程序分为承包人提供的材料和工程设备、发包人提供的材料和工程设备。

1. 承包人提供的材料和工程设备

（1）除专用合同条款约定外，承包人提供的材料和工程设备均由承包人负责采购、运输和保管。承包人应对其采购的材料和工程设备负责。

（2）承包人应按专用合同条款的约定，将各项材料和工程设备的供货人及品种、规格、数量和供货时间等报送监理单位审批。承包人应向监理人提交其负责提供的材料和工程设备的质量证明文件，并满足合同约定的质量标准。

（3）对承包人提供的材料和工程设备，承包人应会同监理人进行检验和交货验收，查验材料合格证明和产品合格证书，并按合同约定和监理单位指示，进行材料的抽样检验和工程设备的检验测试，检验和测试结果应提交监理人，所需费用由承包人承担。

2. 发包人提供的材料和工程设备

（1）发包人提供的材料和工程设备，应在专用合同条款中写明材料和工程设备的名称、规格、数量、价格、交货方式、交货地点和计划交货日期等。

（2）承包人应根据合同进度计划的安排，向监理人报送要求发包人交货的日期计划。发包人应按照监理单位与合同双方当事人商定的交货日期，向承包人提交材料和工程设备。

（3）发包人应在材料和工程设备到货7d前通知承包人，承包人应会同监理人在约定的时间内，赴交货地点共同进行验收。除专用合同条款另有约定外，发包人提供的材料和工程设备验收后，由承包人负责接收、卸货、运输和保管。

（4）发包人提供的材料和工程设备的规格、数量或质量不符合合同要求，或由于发包人原因发生交货日期延误及交货地点变更等情况的，项目法人应承担由此增加的费用和（或）工期延误，并向施工单位支付合理利润。

3. 专用于合同工程的材料和工程设备

（1）运入施工场地的材料、工程设备，包括备品备件、安装专用工器具与随机资料，必须专用于合同工程，未经监理人同意，承包人不得运出施工场地或挪作他用。

（2）随同工程设备运入施工场地的备品备件、专用工器具与随机资料，应由施工单位会同监理单位按供货人的装箱单清点后共同封存，未经监理人同意不得启用。承包人因合同工作需要使用上述物品时，应向监理单位提出申请。

4. 禁止使用不合格的材料和工程设备

（1）监理人有权拒绝施工单位提供的不合格材料或工程设备，并要求承包人立即进行更换。监理人应在更换后再次进行检查和检验，由此增加的费用和（或）工期延误由承包人承担。

（2）监理人发现承包人使用了不合格的材料和工程设备，应即时发出指示要求承包人立即改正，并禁止在工程中继续使用不合格的材料和工程设备。

（3）发包人提供的材料或工程设备不符合合同要求的，承包人有权拒绝，并可要求发包人更换，由此增加的费用和（或）工期延误由发包人承担。

5. 原材料、工程设备和工程的试验和检验

（1）《水利水电工程标准施工招标文件（2009年版）》相关规定。

1）承包人应按合同约定进行原材料、工程设备和工程的试验和检验，并向监理单位对上述材料、工程设备和工程的质量检查提供必要的试验资料和原始记录。按合同约定应由监理人与承包人共同进行试验和检验的，由承包人负责提供必要的试验资料和原始记录。

2）监理人未按合同约定派员参加试验和检验的，除监理人另有指示外，承包人可自行试验和检验，并应立即将试验和检验结果报送监理人，监理人应签字确认。

3）监理人对承包人的试验和检验结果有疑问的，或为查清承包人试验和检验成果的可靠性要求承包人重新试验和检验的，可按合同约定由监理人与承包人共同进行试验和检验。重新试验和检验的结果证明该项材料、工程设备或工程的质量不符合合同要求的，由此增加的费用和（或）工期延误由承包人承担；重新试验和检验结果证明该项材料、工程设备和工程符合合同要求，由发包人承担由此增加的费用和（或）工期延误，并支付承包人合理利润。

（2）《水利水电工程施工质量检验与评定规程》（SL 176—2007）相关规定。

《水利水电工程施工质量检验与评定规程》（SL 176—2007）针对水利水电工程的材料和工程设备的质量检验进行了更为详细的规定。

1）对涉及工程结构安全的试块、试件及有关材料，应实行见证取样。见证取样资料由施工单位制备，记录应真实齐全，参与见证取样人员应在相关文件上签字。

2）水工金属结构、启闭机及机电产品进场后，有关单位应按有关合同进行交货检查和验收。安装前，施工单位应检查产品是否有出厂合格证、设备安装说明书及有关技术文件，对在运输和存放过程中发生的变形、受潮、损坏等问题应做好记录，并进行妥善处理。无出厂合格证或不符合质量标准的产品不得用于工程中。

（二）材料质量控制要点

对于重要部位和重要结构所使用的材料，在使用前应仔细核对和认证材料的规格、品种、型号、性能是否符合工程特点和以上要求。此外，还应严格进行以下材料的质量控制：

（1）对于混凝土、砂浆、防水材料等，应进行试配并严格控制配合比。

（2）对于钢筋混凝土构件及预应力混凝土构件，应按有关规定进行抽样检验。

（3）对预制加工厂生产的成品、半成品，应由生产厂家提供出厂合格证明，必要时还进行抽样检验。

（4）对于高压电缆、电绝缘材料，应组织进行耐压试验后才能使用。

（5）对于新材料、新构件，要经过权威单位进行技术鉴定合格后，才能在工程中正式使用。

（6）对于进口材料，应会同商检部门按合同约定进行检验，核对凭证，如发现问题应在规定期限内提出索赔。

（7）凡标志不清或怀疑质量有问题的材料，或对质量保证资料有怀疑或与合同约定不符的材料，均应进行抽样检验。

（8）储存期超过保质期的过期水泥或受潮、结块的水泥应重新检验其强度等级，并不得使用在工程的重要部位。

（三）工程设备质量控制要点

1. 工程设备制造的质量控制

监理单位应根据监理委托合同授权内容工作。若监理合同包括设备监造内容，则在签订设备采购合同后，监理单位应派出监理人员派驻工程设备制造厂家，以监造的方式对供货生产厂家的生产重点及全过程实行质量控制，以保证工程设备的制造质量。同时可以随时掌握供货方是否严格按自己所提出的质量保证计划书执行,是否有条不紊地开展质量管理工作,是否严格履行合同文件,能否确保工程设备的交货日期和交货质量。

设备制造过程中质量控制重点内容包括:

(1)审查主要标准和规范、设备设计文件、重要工艺方案等。

(2)审查质量检验计划。

(3)审查采购计划和生产计划。

(4)审查人员资格,尤其是特种专业人员资格。

(5)审查主要材料、外购件和外协件的质量证明文件和复检报告。

(6)核查有特殊要求的原材料及消耗材料的存放条件和入库记录。

(7)检查重要部件、关键工序制作工艺、加工工艺质量标准是否符合相关规范、合同的规定。

(8)检查检验和试验人员、设备和条件。

(9)是否采用适当的方式检查试验过程(中间检验、出厂检验等)。

(10)检查包装是否满足要求。

2. 工程设备运输的质量控制

工程设备运输是借助于运输手段,进行工程设备有目标的空间位置的转移,最终到达施工现场。工程设备运输工作的质量直接影响工程设备使用价值的实现,进而影响工程施工的正常进行和工程质量。

工程设备容易因运输不当造成部件损坏,而降低甚至丧失使用价值,影响其功能和精度等。因此,监理单位应加强工程设备运输的质量控制,与项目法人的采购部门一起,根据具体情况和工程进度计划,编制工程设备的运送时间表,制定出参与设备运输的有关人员的责任,使有关人员明确在运输质量保证中应做的事和应负的责任,这也是保证运输质量的前提。

工程设备运输过程质量控制要点如下:

(1)审查设备运输方案,包括审查设备包装、仓储、吊装、运输方式、运输定位设计、发放顺序等,审查超限设备的运输方案,审查大型设备解体运输方案等。

(2)审查运输计划,检查大型关键设备的运输方案,包括运输前的准备工作、运输时间、人员组织安排等。

(3)检查设备装箱和发运前状态,包括设备包装、防潮、防震、防污染措施、设备重心吊装点、收发货标记、随机资料和附件及包装等。

(4)检查设备存储条件,包括检查待检设备、检验合格入库设备、检验不合格设备等存放条件和标识;检查设备等待发货时存放条件和标识;检查设备运抵安装现场后存放条件与标识;定期检查设备防腐保养情况。

(5)采取适当方式检查设备运输的环境条件、运输工具、特殊技术措施、装卸情况、安全措施等。

3. 工程设备检查及验收的质量控制

根据合同条件的规定,工程设备运至现场后,施工单位应负责在现场工程设备的接收工作，然后由监理单位进行检查验收。工程设备的检查验收内容包括：计数检查，质量保证文件审查，品种、规格、型号的检查，质量确认检验等。

4. 工程设备安装后试验质量控制

工程设备安装完成后，要根据图纸、技术标准和合同文件的要求等对工程设备进行检验，不同类型设备安装后的试验方式不同：螺杆启闭机安装后要进行试运行试验、无荷载试验和荷载试验；水轮发电机组安装完成后要进行充水试验、过速试验、机组空载试运行及带负荷试验，然后才能进入试运行期，试运行期满后进行移交。

对工程设备安装后试验质量控制的主要内容包括：①试验方案的审批；②试验前的检查；③试验过程记录的检查；④试验发现问题的处理等。

二、工序质量控制

工序是指按施工的先后顺序将单元工程划分成为若干个具体施工过程或施工步骤。单元工程分有工序的单元工程和无工序的单元工程。对有工序的单元工程质量影响较大的工序称为主要工序。

（一）工序施工质量过程控制内容

在工序施工质量控制过程中，监理单位主要控制内容如下：

（1）督促施工单位做好工序活动条件的质量检验，包括原材料、半成品、工程设备等。

（2）督促施工单位切实实施工序"三检制"，即各班（组）的初检、施工队复检、施工单位专职质检员终检，并做好相应的检验记录。

（3）采用巡视检查、旁站等方式对主要工序进行监督检查。

（4）督促施工单位按照规范、标准、合同要求，做好工序质量检验，并做好质量检验记录。

（5）监理单位应按照标准、规范合同文件的要求，对工序质量进行见证取样、平行检测，并做好记录。

（二）工序施工质量验收程序

（1）施工单位应首先对已经完成的工序施工质量按质量检验验收标准进行自检，并做好检验记录。

（2）施工单位自检合格后，应填写工序施工质量验收评定表，质量责任人履行相应签认手续后，向监理单位申请复核。

（3）监理单位收到申请后，应进行复核，复核内容如下：

1）核查施工单位报验资料是否真实、齐全。

2）结合平行检测、跟踪检测结果等，复核工序施工质量检验项目是否符合技术标准要求。

3）在施工单位提交的工序施工质量验收评定表中填写复核记录，并签署工序施工质量评定意见，核定工序施工质量等级，相关责任人履行相应签认手续。

（三）水利工程主要工序

水利工程质量验收系列标准列出了水利工程质量验收主要工序，见表2-1。主要工序可结合工程情况调整。

表 2 - 1　　　　　　　　　　水利工程质量验收主要工序

专业工程类型		主 要 工 序
土石方工程	土方明挖	软基和土质岸坡开挖
	岩石岸坡明挖	岩石岸坡开挖
	岩石地基明挖	岩石地基开挖
	土料填筑	土料压实
	砂砾料填筑	砂砾料压实
	堆石料填筑	堆石料压实
	反滤（过渡）料填筑	反滤（过渡）料压实
	垫层	垫层压实
	水泥砂浆砌石体	砌筑工序
	混凝土砌石体	砌筑工序
	土工织物滤层与排水	土工织物铺设
	土工膜防渗	土工膜铺设
混凝土工程	普通混凝土	钢筋制作及安装、混凝土浇筑（含养护、脱模）
	碾压混凝土	基础面及层面处理、模板安装、混凝土浇筑
	混凝土面板工程	钢筋制作及安装、混凝土浇筑（含养护、脱模）
	沥青混凝土心墙	沥青混凝土铺筑
	沥青混凝土面板	整平胶结层（含排水层）、防渗层
	预应力混凝土	混凝土浇筑、预应力筋张拉
	混凝土预制构件	吊装工序
	混凝土坝坝体接缝灌浆工程	灌浆工序
地基处理及基础工程	灌浆工程	灌浆工序
	混凝土防渗墙	混凝土浇筑
	排水孔排水	钻孔
	管（槽）网排水	管（槽）网铺设及保护
	锚喷支护	锚杆
	预应力锚索加固	锚索张拉锁定
	钻孔灌注桩	混凝土浇筑
堤防工程	堤基清理	堤面平整压实
	土料碾压填筑	压实
	土料吹填填筑	土料吹填工序
	堤身与建筑物结合部填筑	结合部填筑
	防冲体护脚	防护体抛投
	沉排护脚	沉排铺设

三、隐蔽工程施工过程质量控制

根据《水利水电工程标准施工招标文件（2009年版）》，隐蔽工程施工过程质量控制主要有以下两个方面。

（一）工程隐蔽部位覆盖前的检查

1. 通知监理单位检查

经承包人自检确认的工程隐蔽部位具备覆盖条件后，承包人应通知监理单位在约定的期限内检查。承包人的通知应附有自检记录和必要的检查资料。监理单位应按时到场检查。经监理单位检查确认质量符合隐蔽要求，并在检查记录上签字后，承包人才能进行覆盖。监理单位检查确认质量不合格的，承包人应在监理单位指示的时间内修整返工后，由监理单位重新检查。

2. 监理单位未到场检查

监理单位未按约定的时间进行检查的，除监理单位另有指示外，承包人可自行完成覆盖工作，并作相应记录报送监理单位，监理单位应签字确认。监理单位事后对检查记录有疑问的，可进行重新检查。

3. 监理人重新检查

承包人覆盖工程隐蔽部位后，监理人对质量有疑问的，可要求承包人对已覆盖的部位进行钻孔探测或揭开重新检验，承包人应遵照执行，并在检验后重新覆盖恢复原状。经检验证明工程质量符合合同要求的，由项目法人承担由此增加的费用和（或）工期延误，并支付承包人合理利润；经检验证明工程质量不符合合同要求的，由此增加的费用和（或）工期延误由承包人承担。

4. 承包人私自覆盖

承包人未通知监理单位到场检查，私自将工程隐蔽部位覆盖的，监理单位有权指示承包人钻孔探测或揭开检查，由此增加的费用和（或）工期延误由承包人承担。

（二）隐蔽工程施工过程质量控制注意事项

（1）监理机构应加强重要隐蔽单元工程和关键部位单元工程的质量控制，注重对易引起渗漏、冻融、冻蚀、冲刷、气蚀等部位的质量控制。

（2）对于需进行地质编录的工程隐蔽部位，承包人应报请设代机构进行地质编录，并及时告知监理机构。

（3）对于隐蔽工程的施工过程，监理人员宜采用照相或摄像等手段予以记录。监理机构应妥善保管各类原始记录资料，如灌浆记录、造孔灌注桩施工记录、振冲桩振冲记录、基础排水工程施工记录、地下防渗墙施工记录、主要建筑物地基开挖处理记录等。

思 考 题

2—1 简述影响施工质量因素。

2—2 简述施工质量控制依据。

2-3 简述施工质量控制方法。

2-4 简述合同工程、分部工程、混凝土浇筑开仓质量控制程序。

2-5 简述监理机构、发包人、承包人的准备工作内容。

2-6 简述施工图纸核查主要内容。

2-7 简述施工组织设计审批程序。

2-8 简述原材料、中间产品和工程设备质量控制程序。

2-9 简述隐蔽工程施工过程质量控制程序。

第三章 专业工程施工质量控制要点

第一节 土 石 方 工 程

土石方明挖是指在露天环境下，用人力、爆破、机械或水力等方法使土石料松散、破碎和挖除的工作。按岩土性质，土石方明挖可分土方明挖和石方明挖。

一、土方明挖

根据《水利水电工程标准施工招标文件技术标准和要求（合同技术条款）》（2009 年版），土方是指无须采用爆破技术，直接用手工工具或土方开挖机械进行开挖的黄土、黏土、砂土（包括淤沙、粉砂、河砂等）、淤泥、砾质土、砂砾石、松散坍塌体、石渣混合料、软弱的全风化岩体。

根据《水利水电工程单元工程施工质量验收评定标准——土石方工程》（SL 631—2012），土方开挖工程宜分为表土及土质岸坡清理、软基及土质岸坡开挖 2 个工序，其中软基及土质岸坡开挖为主要工序。

土方明挖工程开工前，承包人应编制土方明挖工程专项施工方案。承包人应按照批准的专项施工方案实施土方明挖作业，各工序质量控制点如下。

1. 表土及土质岸坡清理

（1）表土清理。表土清理时，应将开挖区域内的树木、草皮、树根、乱石、坟墓以及各种建筑物全部清除，对水井、泉眼、地道、坑窑、洞穴等按照设计要求进行处理。

（2）不良土质的处理。施工过程中，对风化岩石、坡积物、残积物、滑坡体、粉土、细砂等应按照设计要求进行处理，淤泥、腐殖质土、泥炭土全部清除。

（3）地质坑、孔处理。应按照设计要求，对构筑物基础区范围内的地质探孔、竖井、试坑进行处理，回填材料质量满足设计要求。

（4）清理范围和土质岸坡坡度。清理范围和土质岸坡坡度应满足设计要求，允许偏差控制在规范允许范围内。

2. 软基及土质岸坡开挖

（1）保护层。保护层预留厚度和开挖方式应符合设计要求，在接近建基面时，宜使用小型机具或人工挖除，不应扰动建基面以下的原地基。

（2）渗水处理。构筑物基础区及土质岸坡的渗水（含泉眼）应妥善引排或封堵，保证建基面清洁无积水。

（3）建基面处理。构筑物软基和土质岸坡开挖面应平顺，软基和土质岸坡与土质构筑物接触时，应采用斜面连接，无台阶、急剧变坡及反坡。

（4）开挖断面尺寸及开挖面平整度。基坑断面尺寸（长、宽和高程）及开挖面平整度、坡脚线平面位置和高程、马道（台阶、平台）宽度和高程应满足设计要求，允许偏差控制在规范允许范围内。

除上述质量控制点外，下述内容也影响着土方明挖质量，应加以控制。

（1）开挖方法。土方明挖施工应自上而下分层分段依次进行，严禁采取自下而上造成倒悬的开挖方法。

（2）弃渣。施工中应按要求在指定地点设置弃渣场并弃渣，不应随意弃渣。含细根须草本植物及覆盖草等植物的表层有机土壤，承包人应按监理人指示和技术条款约定合理使用，并运到指定地点堆放保存，不得任意处置。

（3）临时排水措施。承包人应在明挖工程开始前，结合永久性排水设施的布置，规划好开挖区域内外的临时性排水措施，保证主体工程建筑物的基础开挖在干地施工。在开挖过程中，承包人应做好地面排水挡水设施，包括保持必要的地面排水坡度、在开挖区周围设置挡水堤、设置临时坑槽、使用机械排除积水，以及开挖排水沟道排走雨水和地面积水等。承包人采用的临时排水措施，应注意保护已开挖的永久边坡面和附近建筑物及其基础免受冲刷和侵蚀破坏。

（4）降低地下水位措施。对位于地下水位以下的基坑需要进行干地开挖时，应根据基坑的工程地质条件采用降低地下水位的措施。

（5）保护措施。在新浇混凝土、新灌浆区、新预应力锚固区、新喷锚（或喷浆）支护区和已建建筑物附近进行明挖时，承包人必须采取可靠的施工措施，保证其稳定和安全，并尽可能做到不影响其正常使用。

二、石方明挖

根据《水利水电工程标准施工招标文件技术标准和要求（合同技术条款）（2009年版）》，石方明挖是指露天环境下需要进行（或系统）钻孔和爆破作业的岩石开挖工程。

（一）施工工序及质量控制点

根据《水利水电工程单元工程施工质量验收评定标准——土石方工程》（SL 631—2012），石方明挖分为岩石岸坡开挖、岩石地基开挖和地质缺陷处理3种工序，其中岩石岸坡开挖、岩石地基开挖为主要工序。

石方明挖工程开工前，承包人应编制石方明挖工程专项施工方案和钻爆作业措施计划，完成施工图纸要求的专项爆破试验工作，确定合理的爆破参数，爆破参数主要包括孔距、排距、孔向、倾角、孔径、装药量、装药结构、起爆方式等。承包人应按照批准的专项施工方案实施石方明挖作业，各工序质量控制点如下。

1. 岩石岸坡开挖

（1）保护层开挖及坡面处理。保护层开挖采取浅孔、密孔、少药量、控制爆破，开挖后坡面应稳定且无松动岩块、悬挂体和尖角。

（2）开挖爆破效果。开挖爆破效果应符合要求，岩体无明显劣化，爆破未损害岩体的完整性，开挖面无明显爆破裂隙，声波降低率小于10%或符合设计要求。

2. 岩石地基开挖

(1) 保护层开挖及建基面处理。保护层开挖采取浅孔、密孔、少药量、控制爆破，开挖后岩面应满足设计要求，建基面上无松动岩块，表面清洁、无泥垢、油污。

(2) 不稳定岩体和不良地质处理。应按照设计要求对多组切割的不稳定岩体和不良地质进行处理。

(3) 开挖爆破效果。开挖爆破效果应符合要求，岩体无明显劣化，爆破未损害岩体的完整性，开挖面无明显爆破裂隙，声波降低率小于10%或符合设计要求。

(4) 基坑断面尺寸及开挖面平整度。基坑断面尺寸及开挖面平整度应满足设计要求，允许偏差控制在规范允许范围内。

3. 地质缺陷处理

(1) 地质缺陷和地质坑、孔处理。应按照设计要求对节理、裂隙、断层、夹层或构造破碎带等地质缺陷进行处理。此外，对水井、泉眼、地道、坑窖、洞穴、地质探孔、竖井、平洞、试坑等亦应按设计要求处理。

(2) 渗水处理。地基及岸坡的渗水（含泉眼）应引排或封堵，岩面整洁无积水。

(3) 地质缺陷处理范围。地质缺陷处理的宽度和深度应符合设计要求。地基及岸坡岩石断层、破碎带的沟槽开挖边坡稳定，无反坡，无浮石，节理、裂隙内的充填物冲洗干净。

除上述质量控制点外，开挖方法、弃渣地点选择、临时排水措施、降低地下水位措施、爆破等方面也影响着石方明挖质量。

承包人应严格按照批准的爆破参数实施钻爆作业，以使爆破效果达到要求。应对岩质基础、边坡、马道的所有轮廓线上的垂直、斜坡面采用控制爆破。基础保护层以上岩石开挖，宜采取延长药包、分层梯段钻孔爆破开挖方式。设计边坡轮廓面开挖，应采取防震措施。紧邻水平建基面的开挖，宜在常规梯段爆破孔的底部与建基面之间预留保护层。紧邻设计建基面、设计边坡、建筑物或防护目标，应采用毫秒延时起爆网络，不应采用大孔径爆破方法。对于岩石高边坡开挖，应采用预裂爆破或光面爆破，并避免二次削坡。

在新浇混凝土、新灌浆区、新预应力锚固区、新喷锚（或喷浆）支护区和已建建筑物附近进行爆破作业时，应经论证并采取控制爆破，制定专门的爆破措施方案，并通过爆破试验调整其爆破参数。

（二）工艺试验

石方明挖工程的工艺试验主要为爆破试验，爆破试验可结合施工生产进行。

(1) 开工前应编制爆破试验大纲进行爆破试验，取得合理的爆破参数，爆破参数主要包括孔距、排距、孔向、倾角、孔径、装药量、装药结构、起爆方式等。

(2) 爆破试验采用下列方法进行：

1) 爆破器材性能试验，应采用专用仪器测试。

2) 爆破参数试验，应根据设计要求，结合爆破试验效果调整爆破参数。

3) 起爆网路试验，应根据设计进行模拟试验，确定实施起爆网路。

4）爆破影响范围，应采用钻孔声波法测试及宏观调查确定，宜使用数值计算方法进行对比分析。

5）现场爆破地震效应试验，应采用质点振动速度观测方法，质点振动速度传播规律，可参照经验公式进行统计分析确定。

6）爆破对边坡的稳定性影响，宜采用通用程序进行计算并与宏观调查和现场试验成果进行综合分析。

7）根据各单项试验结果，确定爆破方案。

三、土石方填筑

土石方填筑是指将土石料按铺料要求摊铺到指定场所，并压实到符合设计要求的施工作业。根据填筑料和填筑体功能的不同，土石方填筑可划分土料填筑、砂砾料填筑、堆石料填筑、反滤（过渡）料填筑、垫层料填筑、排水体填筑等类别。

（一）施工工序及质量控制点

根据《水利水电工程单元工程施工质量验收评定标准——土石方工程》（SL 631—2012），各类别土石方填筑的施工工序划分如下：

（1）土料填筑分为结合面处理、卸料及铺填、土料压实、接缝处理4个工序，其中土料压实工序为主要工序。

（2）砂砾料、堆石料、反滤（过渡）料、垫层料填筑分为铺填、压实2个工序，其中压实工序为主要工序。

（3）排水体填筑不划分工序，适用于以砂砾料、石料作为排水体的工程，如坝体贴坡排水、棱体排水和褥垫排水等。

在土石方填筑工程开工前，承包人应编制土石方填筑工程专项施工方案和碾压试验计划，并按批准的碾压试验计划进行与实际施工条件相似的现场碾压试验，以确定压实机具的型号和规格、铺料厚度、碾压遍数、碾压速度、碾压振动频率、振幅、加水量等施工质量控制参数。承包人应按照批准的专项施工方案实施土石方填筑作业，质量控制点如下：

（1）填筑料质量。填筑料质量应符合设计要求。填筑料质量控制应以料场控制为主，不合格材料在料场处理合格后方可使用。承包人应按设计要求及有关规定对填筑料进行质量控制，控制的主要内容应符合以下规定：

1）料区开采符合规定，草皮、覆盖层等清除干净。

2）填筑料开采、加工按照规定进行。

3）填筑料性质、级配、含水率等指标符合设计要求。

4）排水系统、防雨措施、负温下施工措施完善。

（2）建基面处理。建基面处理应符合设计要求，黏性土、砾质土地基土层的压实度等指标应符合设计要求。无黏性土地基土层的相对密实度应符合设计要求。

（3）卸料、平料、铺料。填筑面施工应分段流水作业，分层进行，卸料、平料、铺料应符合设计或规范要求，均衡上升。施工面平整、填筑料分区清晰，上下层分段位置错开，摊铺边线整齐，厚度均匀，无团块、粗粒集中、架空分离现象。铺料表面应保持湿润，符合施工含水量要求。防渗铺盖在坝体以内的部分应与心墙或斜墙同时铺填。铺料厚度应符合碾压试验或设计要求。铺料边线（分界线）和富裕铺填宽度应符合设计要求或规范规定，满足削坡后填筑体压实质量要求以及外形尺寸要求。

（4）碾压。碾压作业应按照碾压试验确定的施工参数，逐层控制填筑料质量、压实机具的型号和规格、铺料厚度、加水量、碾压遍数、碾压速度、碾压振动频率、振幅等，碾压作业无漏压、欠压和过压，个别有弹簧、起皮、脱空、剪力破坏部位应按设计要求进行处理，碾压搭接应符合设计要求或规范规定，压实指标应符合设计要求，压实指标的检测方法和检测频次应符合规范要求，经取样检查合格后，方能进行下层填筑。有防渗要求时，压实土料的渗透系数应符合设计要求。

（5）层间结合面处理。层间结合面处理应符合设计要求或规范规定。填筑土料时，上下层铺土的结层面应无砂砾、无杂物、表面松土、湿润均匀、无积水。填筑反滤（过渡）料、垫层料时，上下层间的结合面应无泥土、杂物等。

（6）接合部位处理。分段填筑时各段的接合部位以及填筑体与岸坡的接合部位是质量控制的重点，应符合设计要求或规范规定。接合坡面的处理，包括纵横接缝的坡面削坡、润湿、刨毛等应符合设计要求。斜墙和心墙内不应留有纵向接缝。防渗体及均质坝的横向接坡不应陡于 1∶3，其高差和与岸坡接合坡度均应符合设计要求。均质坝纵向接缝斜坡坡度和平台宽度应满足稳定要求，平台间高差不大于 15m。分段碾压时，相邻两段交接带碾压迹应彼此搭接，垂直碾压方向搭接带宽度应不小于 0.3～0.5m；顺碾压方向搭接带宽度应为 1.0～1.5m。

（7）结合面处理。填筑体与建基面、岩面、混凝土面等的结合面处理应符合设计或规范要求。与土质防渗体结合的岩面或混凝土面等，应无浮渣、污物杂物，无乳皮粉尘、油垢，无局部积水等，铺填前涂刷浓泥浆或黏土水泥砂浆，涂刷均匀，无空白，混凝土面涂刷厚度为 3～5mm，裂隙岩面涂刷厚度为 5～10mm，铺浆厚度允许偏差为 0～2mm，且回填及时，无风干现象，铺填的土料无架空现象，土料厚度均匀，表面平整，无团块、无粗粒集中，边线整齐。涂刷浆液质量应符合设计要求，浆液稠度适宜、均匀无团块，材料配比误差不大于 10%。

（8）填筑体的位置和外形尺寸。填筑体的位置和外形尺寸应符合设计要求，允许偏差控制在规范允许范围内。填筑体的位置和外形尺寸包括轴线、顶面宽度、顶高程（含预留沉降）、坡度（外漏坡度）、基底高程、边线等。

（9）垫层坡面保护。垫层坡面保护的保护形式、采用材料及其配合比应满足设计要求。保护形式一般有碾压水泥砂浆、喷射混凝土或水泥砂浆、喷涂阳离子乳化沥青等。坡面防护层应做到喷、摊均匀密实，无空白、鼓包，表面平整，洁净。垫层坡面防护层检验项目及偏差标准应符合规范要求。

（10）排水体。排水体结构、纵横向接头处理、排水体的纵坡及防冻保护措施等应满足设计要求。结合部位层面接合度好，与岸坡接合处的填料无分离、架空现象，无水平通缝。靠近反滤层的石料为内小外大，堆石接缝为逐层错缝，不应垂直相接，表面的砌石为平砌，确保平整美观。排水材料摊铺边线整齐，厚度均匀，表面平整，无团块、粗粒集中现象。

除上述质量控制点外，下述内容也影响着土石方填筑质量，应加以控制。

（1）卸料铺料方式。应根据填筑料性质，合理选择卸料铺料方式，防止由于运输车辆过度碾压产生剪切破坏。黏性土料应采用进占法卸料，汽车不应在已压实土料面上行驶，碎（砾）石土、风化料、掺合土等可视具体情况选择卸料铺料方式。

（2）碾压方法。应根据填筑料性质和场地条件，合理选择碾压方法。宜采用错距法碾压，因场地等条件限制时也可采用搭接法碾压。

（3）填筑上升速度。软黏土地基上的土石坝、高含水率的宽防渗体和均质土坝的填筑，应按设计要求控制填筑上升速度。

（二）工艺试验

土石方填筑工程的工艺试验主要为碾压试验。

在土石方填筑工程开工前，承包人应提交碾压试验方案报监理人批准。监理审核的主要内容如下：

（1）碾压试验方案中应明确设计对填筑料质量的技术要求和压实指标要求。

（2）碾压试验方案中应明确本次试验选定的料场及取料点位置。

1）选定的料场应完成了料场复查工作，开采料的物理力学性质和压实特性满足设计和规范的要求，可以直接使用或经过加工使用。开采料加工包括含水率与级配的调整，反滤料、过渡料、排水料、垫层料等的制备。

2）选定的取料点应具有代表性。

3）加工制备料的储量应满足本次试验需要。

（3）碾压试验方案中应明确本次试验场地的地点和布置。试验场地应与填筑施工工况一致，场地坚实、平整。场地验收合格后，选用试验料填筑基层，在基层上进行碾压试验。应综合考虑各种因素，选择合适的试验组合方法，合理进行场地布置。

（4）碾压试验方案中应明确本次试验所采用的压实参数。压实参数主要包括机械参数和施工参数。选择压实机械时，应考虑以下因素：①填筑料类别；②设计压实标准；③填筑强度；④气候条件；⑤牵引设备；⑥机械修理及维修条件；⑦经济性。当压实设备定型后，机械参数已经确定。施工参数包括铺料厚度、碾压遍数、碾压速度、碾压振动频率、振幅、含水控制标准以及加水量等，应根据工程实际情况进行选择。

（5）碾压试验方案中应明确装料、运输、卸料、铺料、洒水、碾压的工艺要求。例如：远距离运输过程中含水量的保护措施；避免卸车时粗细料分离；卸料铺料采用进占法或退步法；碾压采用错距法碾压或搭接法碾压；静碾遍数、动碾遍数，静碾和动碾的次序，碾压行进的速度等；碾压设备宜在场外启动，达到正常工况后进场进行碾压。

（6）碾压试验方案中应明确试验完成后，试验资料的整理分析方法以及绘制的成果图表等。填筑料不同，整理分析方法以及绘制的成果图表也会有所不同。黏性土应绘制不同铺土厚度的干密度与碾压遍数的关系曲线，绘制不同铺土厚度、不同碾压遍数的干密度与含水率的关系曲线。碎（砾）石土（包括掺合土），除按黏性土绘制相关曲线外，还需绘制砾石（5mm、20mm）含量与干密度的关系曲线。无黏性土及堆石料应绘制不同铺料厚度的干密度与碾压遍数的关系曲线，绘制沉降量与碾压遍数的关系曲线。绘制最优参数（包括复核试验结果）情况下的干密度、压实度、空隙率的频率分配曲线与累计频率曲线。

（7）干密度或相对密度与压实度的关系

黏性土筑堤压实度与压实干密度存在着函数关系，可根据式（3-1）进行换算：

$$P_{ds} = \frac{\rho_{ds}}{\rho_{dmax}} \tag{3-1}$$

式中 P_{ds}——压实度；

ρ_{ds}——压实干密度，g/cm^3；

ρ_{dmax}——标准击实试验最大干密度，g/cm^3。

无黏性土筑堤时，填筑压实相对密度可以按式（3-2）和式（3-3），通过《土工试验方法标准》（GB/T 50123—1999）规定的方法进行相对密度试验求得。

$$D_{\gamma.ds} = \frac{e_{max} - e_{ds}}{e_{max} - e_{min}} \tag{3-2}$$

或

$$D_{\gamma.ds} = \frac{(\rho_{ds} - \rho_{dmin})\rho_{dmax}}{(\rho_{dmax} - \rho_{dmin})\rho_{ds}} \tag{3-3}$$

式中 $D_{\gamma.ds}$——压实相对密度，g/cm^3；

e_{ds}——压实孔隙比；

e_{max}、e_{min}——试验最大、最小孔隙比；

ρ_{dmax}、ρ_{dmin}——试验最大、最小干密度，g/cm^3；

ρ_{ds}——压实干密度，g/cm^3。

第二节 混 凝 土 工 程

混凝土是由水泥、骨料和水等按一定配合比，经搅拌、成型、养护等工艺硬化而成的工程材料。混凝土有很多种类，本节主要讲述水利工程中常用的普通混凝土、碾压混凝土、沥青混凝土和混凝土预制构件。

一、普通混凝土工程

根据《水利水电工程单元工程施工质量验收评定标准——混凝土工程》（SL 632—2012），普通混凝土工程分为基础面和施工缝处理、模板制作及安装、钢筋制作及安装、预埋件（止水、伸缩缝等）制作及安装、混凝土浇筑（含养护、脱模）、外观质量检查6个工序，其中钢筋制作及安装、混凝土浇筑（含养护、脱模）工序为主要工序。

混凝土工程开工前，承包人应编制混凝土工程专项施工方案和进行混凝土配合比设计。承包人应按照批准的专项施工方案实施混凝土作业，各工序质量控制点如下。

1. 基础面和施工缝处理

（1）地基验收。混凝土建筑物的地基属于重要隐蔽工程，应由监理、设计、施工、发包人共同对地基进行联合验收。

（2）基础面处理。承包人应按照设计或有关规范的要求对基础面进行处理。岩基面表面应清理干净，无松动岩块、无杂物、无积水，承压水已引排，符合设计要求。软基面预留保护层应挖除，地表水和地下水应妥善引排或封堵、处理后的基础符合设计要求，表面清理干净、无积水、无积渣杂物。

（3）施工缝处理。承包人应按照设计或有关规范的要求对施工缝进行处理。施工缝的留置位置应符合设计或有关规范规定；施工缝面应凿毛成毛面，基面无乳皮，微露粗砂；缝面清理应符合设计要求，清洗洁净、无积水、无积渣杂物。

2. 模板制作及安装

（1）测量放样。模板安装前应按混凝土结构物的详图测量放样，重要结构应多设控制点，以利检查校正。

（2）模板及预留孔、洞尺寸及位置。承重模板底面高程，结构断面尺寸，轴线位置，预留孔、洞尺寸及位置应符合设计要求。

（3）模板错台、缝隙、平整度和垂直度。相邻两板面错台、板面缝隙、模板平整度、垂直度应控制在允许偏差范围内。

（4）荷载。模板上不应堆放超过设计荷载的材料及设备。混凝土浇筑时，应按模板设计荷载控制浇筑顺序、浇筑速度及施工荷载，应及时清除模板上的杂物。

（5）拆除模板。拆除模板的期限，应遵守下列规定：

1）不承重的侧面模板，混凝土强度达到 2.5MPa 以上，保证其表面及棱角不因拆模而损坏时，方可拆除。

2）钢筋混凝土结构的承重模板，混凝土达到下列强度后（按混凝土设计强度标准值的百分率计），方可拆除。悬臂板、梁：跨度 $L \leqslant 2m$，75%；跨度 $L > 2m$，100%。其他梁、板、拱：跨度 $L \leqslant 2m$，50%；$2m < $ 跨度 $L \leqslant 8m$，75%；跨度 $L > 8m$，100%。

3. 钢筋制作及安装

（1）钢筋的安装。钢筋的规格、数量、安装位置、间距、排距、保护层及钢筋的长度，均应符合设计图纸的规定。

（2）钢筋的连接。钢筋接头连接形式（点焊、电弧焊、对焊、熔槽焊、绑扎连接、机械连接）、接头位置、同一连接区段接头面积百分率等应符合设计要求，钢筋连接施工质量及钢筋接头的力学性能应符合规范要求。焊缝长度和焊缝外观应符合规范要求。

4. 预埋件制作及安装

水工混凝土中的预埋件包括止水、伸缩缝（填充材料）、排水系统、冷却及灌浆管路、金属件、安全监测设施等。预埋件的结构型式、位置、尺寸等应符合设计要求和有关标准。埋设完成后，应做好保护，避免受损、移位、变形或堵塞。

5. 混凝土浇筑

（1）原材料。进场的水泥、砂石骨料、掺合料、外加剂等原材料应按照相关质量标准进行检验，不合格产品不得使用。

（2）施工拌和配合比。混凝土浇筑前应检测砂石骨料含水率、超逊径等指标，并依据检验结果调整混凝土设计配合比，出具混凝土施工拌和配合比。混凝土拌和应严格遵守按照混凝土施工拌和配合比签发的混凝土配料单，不应擅自更改。

（3）铺筑砂浆。基岩面和混凝土施工缝面浇筑第 1 仓混凝土前，宜先铺一层 2～3cm 厚的水泥砂浆，铺筑均匀平整，无漏铺。

（4）入仓混凝土料。入仓混凝土料应确保和易性、黏聚性、流动性良好，无骨料分离现象，无不合格料入仓。如有少量不合格料入仓，应及时处理至达到要求。

（5）平仓振捣。入仓混凝土应及时平仓振捣，不应堆积。平仓分层厚度不大于振捣棒有效长度的 90%，铺设均匀，分层清楚，无骨料集中现象。混凝土振捣时，振捣器垂直插入下层 5cm，有次序，间距、留振时间合理，无漏振、无超振。

（6）允许间歇时间。混凝土浇筑应保持连续性，混凝土浇筑允许间歇时间应通过试验确定，浇筑允许间歇时间应符合要求，无初凝现象。

（7）温度控制。浇筑温度（指有温控要求的混凝土）应满足设计要求。

（8）检测和制作试块。在混凝土拌和过程中，应按照规定的频次检测砂石骨料含水率、超逊径、坍落度（VC 值、扩散度）、含气量等指标，并制作混凝土强度、抗渗、抗冻试块。

（9）养护。混凝土养护应保持表面湿润，连续养护时间满足设计要求。

（10）积水和泌水。混凝土浇筑过程中，不应在仓内加水，如发现混凝土和易性较差时，应采取加强振捣等措施；仓内泌水应及时排除；避免外来水进入仓内；不应在模板上开孔赶水，带走灰浆；黏附在模板、钢筋和预埋件表面的灰浆应及时清除。

（11）保护措施。应采取措施保护好插筋、管路等埋设件以及模板，使之符合设计要求。应按照设计要求的保护时间和保温材料对混凝土表面进行保护。

（12）脱模时间。脱模时间应符合施工技术规范或设计要求。

6．外观质量

（1）外观检查。混凝土拆模后，应检查其外观质量。检查项目主要包括表面平整度、形体尺寸、重要部位缺损、麻面、蜂窝、孔洞、错台、跑模、掉角、表面裂缝等。

（2）质量问题处理。当发生混凝土裂缝、冷缝、蜂窝、麻面、错台和变形等质量问题时，应及时处理，并做好记录。

二、碾压混凝土

碾压混凝土是指将干硬性混凝土经过运输、薄层摊铺并振动碾压实的混凝土。

（一）施工工序及质量控制点

根据《水利水电工程单元工程施工质量验收评定标准——混凝土工程》（SL 632—2012），碾压混凝土工程可分为基础面及层面处理、模板安装、预埋件制作及安装、混凝土浇筑、成缝、外观质量检查 6 个工序，其中基础面及层面处理、模板安装、混凝土浇筑为主要工序。

碾压混凝土工程开工前，承包人应编制碾压混凝土工程专项施工方案和进行配合比设计，并应在施工前进行现场试验，验证配合比、施工工艺流程、施工系统及施工设备的适应性，确定施工工艺和参数，以满足施工性能要求。基础面及层面处理、模板安装质量控制点与普通混凝土相同。碾压混凝土浇筑质量控制点如下。

1. 垫层混凝土（异种混凝土）

垫层混凝土（异种混凝土）浇筑施工质量控制点参见普通混凝土。

2. 混凝土铺筑碾压

（1）碾压参数。碾压参数应符合碾压试验确定的参数值。

（2）运输和卸料。运输机具应在使用前进行全面检查清洗。各种运输机具在转运或卸料时，出口处混凝土自由落差均不宜大于1.5m，超过1.5m宜加设专用垂直溜管或转料漏斗。

（3）铺筑和平仓。碾压混凝土铺筑层应以固定方向逐条带铺筑。坝体迎水面3～5m范围内，平仓方向应与坝轴线方向平行，不允许与坝轴线垂直。平仓后混凝土表面应平整，碾压厚度应均匀。

（4）碾压方向及碾压搭接。坝体迎水面3～5m范围内，碾压方向应平行于坝轴线方向，不允许与坝轴线垂直。碾压作业应采用搭接法，碾压条带间搭接宽度为100～200mm，端头部位搭接宽度不少于1m。

（5）碾压厚度及碾压遍数。施工中采用的碾压厚度及碾压遍数宜经过试验确定，并与铺筑的综合生产能力等因素一并考虑。根据气候、铺筑方法等条件，可选用不同的碾压厚度。碾压厚度不宜小于混凝土最大骨料粒径的3倍。

（6）最长允许历时和压实密度。碾压混凝土入仓后应尽快完成平仓和碾压，从拌和加水到碾压完毕的最长允许历时，应根据不同季节、天气条件及VC值变化规律，经过试验或类比其他工程实例来确定，不宜超过2h。碾压层表面不允许出现骨料分离。混凝土压实密度应符合规范或设计要求。

（7）预留碾压宽度。碾压层内铺筑条带边缘、斜层平推法的坡脚边缘，碾压时应预留200～300mm宽度与下一条带同时碾压，这些部位最终完成碾压的时间应控制在直接铺筑的允许时间内。

（8）层间间隔时间。连续上升铺筑的碾压混凝土，层间间隔时间应控制在直接铺筑允许时间以内。超过直接铺筑允许时间的层面，应先在层面上铺垫层拌合物，再铺筑上一层碾压混凝土。超过了加垫层铺筑允许时间的层面应按施工缝处理。

（9）直接铺筑允许时间和加垫层铺筑允许时间。直接铺筑允许时间和加垫层铺筑允许时间，应根据工程结构对层面抗剪能力和结合质量的要求，综合考虑拌合物特性、季节、天气、施工方法、上下游不同区域等因素经试验确定。

（10）养护。施工过程中，碾压混凝土的仓面应保持湿润。正在施工和刚碾压完毕的仓面，应防止外来水流入。碾压混凝土终凝后即应开始保湿养护，养护应持续至上一层碾压混凝土开始铺筑为止。对永久暴露面，养护时间不应少于28d，台阶棱角应加强养护。

3. 变态混凝土

（1）灰浆拌制及用量。变态混凝土所用灰浆由水泥与掺合料及外加剂拌制而成，其水胶比应不大于同种碾压混凝土的水胶比。灰浆应严格按规定用量，在变态区范围内铺洒，保持浆体均匀，混凝土单位体积用浆量的偏差应控制在允许范围之内。

（2）灰浆铺洒。变态混凝土应随碾压混凝土浇筑逐层施工，铺料时宜采用平仓机辅以人工两次摊铺平整，灰浆宜洒在新铺碾压混凝土的底部和中部。也可采用切槽和造孔铺浆，不得在新铺碾压混凝土的表面铺浆。变态混凝土的铺层厚度宜与平仓厚度相同或符合设计要求，用浆量经试验确定。

（3）振捣。变态混凝土振捣宜使用强力振捣器。振捣时应将振捣器插入下层混凝土50mm 左右，间隔时间应符合规定标准，相邻区域混凝土碾压时与变态区域搭接宽度应大于 200mm。

（4）施工层面。施工层面应无积水，不允许出现骨料分离，特殊地区施工时空气温度应满足施工层面需要。

（二）工艺试验

碾压混凝土施工前应进行现场工艺试验，验证配合比、施工工艺流程、施工系统及施工设备的适应性，确定施工工艺和参数，以满足施工性能要求。现场工艺试验内容包括：①场地处理和布置；②拌和参数试验；③碾压参数试验；④层间结合试验、校核试验和混凝土性能试验；⑤变态混凝土工艺试验；⑥工艺试验效果验证。

承包人应编制碾压混凝土现场工艺试验方案，并按批准的方案实施现场工艺试验。限于篇幅有限，本书不予详细讲述，请参考《水工碾压混凝土工艺试验规程》（T/CEC 5002—2016）。

三、沥青混凝土

沥青混凝土是指由骨料、填充料和沥青按一定的比例配制而成的拌合物。本部分内容以碾压式沥青混凝土心墙、沥青混凝土面板工程为例，讲述沥青混凝土的质量控制。

（一）施工工序及质量控制点

1. 碾压式沥青混凝土心墙

根据《水利水电工程单元工程施工质量验收评定标准——混凝土工程》（SL 632—2012），碾压式沥青混凝土心墙施工分为基座结合面处理及沥青混凝土结合层面处理、模板制作及安装（心墙底部及两岸接坡扩宽部分采用人工铺筑时有模板制作及安装）、沥青混凝土的铺筑 3 个工序，沥青混凝土的铺筑工序为主要工序。模板制作安装工序质量控制点与普通混凝土相同。

（1）基座结合面处理及沥青混凝土结合层面处理。

1）沥青涂料和沥青胶配料比。沥青涂料和沥青胶配料比应准确，称量的允许偏差应符合规范要求，所用原材料符合国家相应标准。

2）基座接合面处理。基座接合面干净、干燥、平整、粗糙，无浮皮、浮渣，无积水。

3）层面清理。层面清理干净、平整，无杂物，无水珠，返油均匀，层面下 1cm 处温度不低于 70℃，且各点温差不大于 20℃。

4）沥青涂料、沥青胶涂刷。涂刷沥青涂料、沥青胶时，涂刷厚度应符合设计要求，均匀一致，与混凝土贴附牢靠，无鼓包，无流淌，表面平整光顺。

5）心墙上下层施工间歇时间。心墙上下层施工间歇时间不宜超过 48h。

（2）沥青混凝土的铺筑。

1）碾压参数。碾压参数应符合碾压试验确定的参数值。

2）铺筑宽度、铺筑厚度。铺筑宽度（沥青混凝土心墙厚度）、铺筑厚度应符合设计要求，表面光洁、无污物，允许偏差为心墙厚度的10%。

3）压实系数。压实系数质量符合标准要求，取值1.2～1.35。

4）铺筑速度。铺筑速度（采用铺筑机）符合设计要求或为1～3m/min。

5）施工接缝处及碾压带处理。施工接缝处及碾压带处理符合规范和设计要求，重叠碾压10～15cm。

6）平整度。平整度符合设计要求，或在2m范围内起伏高度差小于10mm。

7）层间铺筑间隔时间。层间铺筑间隔时间宜不小于12h。

8）与刚性建筑物的连接。与刚性建筑物的连接应符合规范和设计要求。

9）碾压错距和特殊部位的碾压。碾压错距和特殊部位的碾压应符合规范和设计要求。

10）降温或防冻措施。降温或防冻措施应符合规范和设计要求。

2. 沥青混凝土面板

沥青混凝土面板施工分为整平胶结层（含排水层）、防渗层、封闭层、面板与刚性建筑物连接4个工序，其中整平胶结层（含排水层）、防渗层工序为主要工序。

（1）沥青混凝土面板整平胶结层（含排水层）。

1）碾压参数。碾压参数应符合碾压试验确定的参数值。

2）整平层、排水层的铺筑。整平层、排水层的铺筑应在垫层（含防渗底层）质量验收后，并须待喷涂的乳化沥青（或稀释沥青）干燥后进行。

3）铺筑厚度、层面平整度。铺筑厚度、层面平整度应符合设计要求。

4）摊铺碾压温度。初碾压温度为110～140℃，终碾压温度为80～120℃。

（2）防渗层施工。

1）碾压参数。碾压参数应符合碾压试验确定的参数值。

2）防渗层的铺筑及层间处理。防渗层的铺筑及层间处理应在整平层质量检测合格后进行，上层防渗层的铺筑应在下层防渗层检测合格后进行，各铺筑层间的坡向或水平接缝应相互错开。

3）摊铺厚度、层面平整度。摊铺厚度、层面平整度应符合设计要求。

4）防渗层表面。沥青混凝土防渗层表面不应出现裂缝、流淌与鼓包。

5）接缝错距。铺筑层的上下层水平接缝错距1.0m，允许偏差为0～20cm；上下层条幅坡向接缝错距（以$1/n$条幅宽计，n为铺筑层数）允许偏差为0～20cm。

6）摊铺碾压温度。初碾压温度为110～140℃，终碾压温度为80～120℃。

（3）封闭层。

1）封闭层涂抹。封闭层涂抹应均匀一致，无脱层和流淌，涂抹量应为2.5～3.5kg/m^2，或满足设计要求的涂抹量合格率不小于85%。

2）沥青胶最低软化点。沥青胶最低软化点不应低于85℃，试样合格率不小于85%。

3）沥青胶的铺抹。沥青胶的铺抹应均匀一致，铺抹量应为2.5～3.5kg/m^2，或满足设计要求的铺抹量合格率不小于 85%。

4）沥青胶的施工温度。搅拌出料温度为（190±10）℃，铺抹温度不小于170℃或满足设计要求。

（4）面板与刚性建筑物连接。

1）楔形体浇筑。楔形体浇筑施工前，应进行现场铺筑试验，以确定合理施工工艺；应满足设计要求，保持接头部位无熔化、流淌及滑移现象。

2）防滑层与加强层的敷设。防滑层与加强层的敷设应满足设计要求，接头部位无熔化、流淌及滑移现象。

3）铺筑沥青混凝土防渗层。在铺筑沥青混凝土防渗层时，应待滑动层与楔形体冷凝且质量合格后进行，满足设计要求。

4）橡胶沥青胶防滑层的敷设。橡胶沥青胶防滑层的敷设应待喷涂乳化沥青完全干燥后进行，满足设计要求。

5）沥青砂浆楔形体浇筑温度。沥青砂浆楔形体浇筑温度为（150±10）℃。

6）橡胶沥青胶滑动层拌制温度。橡胶沥青胶滑动层拌制温度为（190±5）℃。

7）加强层。上下层接缝的搭接宽度应符合设计要求。

除上述质量控制点外，下述内容也影响着沥青混凝土质量，应加以控制。

1）进场材料检验、室内配合比和现场铺筑试验。沥青混凝土正式施工前，应进行进场材料检验、室内配合比和现场铺筑试验，验证沥青混凝土施工配合比、施工工艺流程、施工设备及施工系统的适应性，以确定施工工艺和施工参数等。

2）温度控制。沥青混凝土施工时，应对施工全过程进行温度控制。

3）保护心墙。各种机械不得直接跨越心墙。在心墙两侧2m范围内，不得使用10t以上的大型机械作业。

4）检测时间。沥青混合料检测应在施工现场沥青混合料摊铺完成但未碾压之前取料，检验其配合比和技术性质。

（二）工艺试验

沥青混凝土工程工艺试验主要是现场摊铺试验和现场浇筑试验。承包人应编制沥青混凝土现场工艺试验大纲，并按批准的大纲实施现场工艺试验。沥青混凝土现场工艺试验大纲一般包括以下内容：①试验目的；②试验场地布置；③试验控制指标；④试验内容；⑤试验程序和方法；⑥试验质量安全保证措施；⑦成果报告；⑧工期安排；⑨人员、设备安排等。

四、混凝土预制构件

混凝土预制构件是指按设计要求，在预制构件厂或其他处预先制作成型，再安装至工程的建筑部位的混凝土构件。混凝土预制构件包含预应力和非预应力两类。

非预应力混凝预制土构件制作质量控制点参见前述"一、普通混凝土工程"。制作混凝土预制构件的场地应平整坚实，设置必要的排水设施，保证制作构件时不因混凝土浇筑振捣而引起场地的沉陷变形。预应力混凝土预制构件制作质量控制参见有关规范。本部分主要讲述混凝土预制构件的安装质量控制。

根据《水利水电工程单元工程施工质量验收评定标准——混凝土工程》（SL 632—2012），混凝土预制构件安装分为构件外观质量检查、吊装、接缝及接头处理 3 个工序，其中吊装工序为主要工序。

1. 构件外观质量检查

（1）外观检查。构件安装前，应检查构件外观质量，外观应无缺陷。

（2）尺寸偏差。应对构件的尺寸进行检查，预制构件不应有影响结构性能和安装、使用功能的尺寸偏差。

（3）预制构件标识。构件明显部位应标明生产单位、构件型号、生产日期和质量验收标志等。

（4）预埋件、插筋和预留孔洞的规格、位置和数量。构件上的预埋件、插筋和预留孔洞的规格、位置和数量应符合标准图或设计的要求。

2. 混凝土预制构件吊装

（1）构件型号和安装位置。构件型号和安装位置应符合设计要求。

（2）构件吊装时的混凝土强度。构件吊装时的混凝土强度应符合设计要求。设计无规定时，混凝土强度不应低于设计强度标准值的 70%，预应力构件孔道灌浆的强度，应达到设计要求。

3. 接缝及接头处理

（1）构件连接。构件与底座、构件与构件的连接应符合设计要求，受力接头应符合规范规定。

（2）接缝凿毛。接缝凿毛处理应符合设计要求。

（3）构件接缝的混凝土（砂浆）养护。构件接缝的混凝土（砂浆）养护应符合设计要求，且在规定的时间内不应拆除其支承模板。

第三节 地基与基础工程

地基与基础工程包括灌浆工程、防渗墙工程、地基排水工程、喷锚支护和预应力锚索工程、钻孔灌注桩工程等。

一、灌浆工程质量控制要点

灌浆类型一般分为岩石地基帷幕灌浆、岩石地基固结灌浆、覆盖层地基灌浆、隧洞回填灌浆、钢衬接触灌浆、劈裂灌浆等。灌浆工程中的各个钻孔应与设计图纸相对应，统一分类和编号。

（一）灌浆材料

（1）使用矿渣硅酸盐水泥或火山灰质硅酸盐水泥灌浆时浆液水灰比不宜大于 1。

（2）各类灌浆工程所用水泥的强度等级可为 42.5 或以上。帷幕灌浆、坝体接缝灌浆和各类接触灌浆所用水泥的细度宜为通过 $80\mu m$ 方孔筛的筛余量不大于 5%。

（3）灌浆浆液在施工现场应定期进行温度、密度、析水率和漏斗黏度等性能的精测。发现浆液性能偏离规定指标较大时，应查明原因，及时处理。

（4）水泥浆液宜采用高速搅拌机进行拌制，水泥浆液的搅拌时间不宜少于30s。

（5）浆液自制备至用完的时间，细水泥浆液不宜大于2h，普通水泥浆不宜大于4h，水泥黏土（膨润土）浆液不宜大于6h，其他浆液的使用时间应根据浆液的性能试验确定。

（6）寒冷季节施工应做好机房和灌浆管路的防寒保暖工作，炎热季节施工应采取防晒和降温措施。浆液温度宜保持在5～40℃。

（二）现场灌浆试验

（1）下列工程应进行现场灌浆试验：

1）1级、2级水工建筑物基岩帷幕灌浆、覆盖层灌浆。

2）地质条件复杂地区或有特殊要求的1级、2级水工建筑物基岩固结灌浆和地下洞室围岩固结灌浆。

3）其他认为有必要进行现场试验的灌浆工程。

（2）现场灌浆试验宜在初步设计阶段或招标设计阶段进行。

（3）在施工前或施工初期，宜进行生产性灌浆试验，其目的是验证灌浆工程施工详图设计和施工组织设计，调试运行钻孔灌浆施工系统，验证合理的机械设备与人员配置。

（三）基岩帷幕灌浆

（1）水库蓄水前，应完成蓄水初期最低库水位以下的帷幕灌浆并检查合格；水库蓄水或阶段蓄水过程中，应完成相应蓄水位以下的帷幕灌浆并检查合格。

（2）进行工程总体进度安排时，应对帷幕灌浆（含搭接帷幕灌浆）及与其相关的混凝土浇筑、岸坡接触灌浆、灌浆平洞与引水洞衬砌、导流洞封堵等的施工时间做好统筹安排。

（3）帷幕灌浆应按分序加密的原则进行。由三排孔组成的帷幕，应先灌注下游排孔，再灌注上游排孔，后灌注中间排孔，每排孔可分为二序。由两排孔组成的帷幕应先灌注下游排孔，后灌注上游排孔，每排孔可分为二序或三序。单排孔帷幕应分为三序灌浆。

（4）钻孔质量控制要点应满足下列要求：

1）灌浆孔位与设计孔位的偏差不应大于10cm，孔深不应小于设计孔深，实际孔位、孔深应有记录。

2）帷幕灌浆中各类钻孔的孔径应根据地质条件、钻孔深度、钻孔方法、钻孔要求和灌浆方法确定。灌浆孔以较小直径为宜，但终孔孔径不宜小于56mm；先导孔、质量检查孔孔径应满足获取岩芯和进行测试的要求。

3）钻孔过程应进行记录，遇岩层、岩性变化，发生掉钻、卡钻、塌孔、掉块、钻速变化、回水变色、失水、涌水等异常情况时，应详细记录。

（5）压水试验。采用自上而下分段灌浆法、孔口封闭灌浆法进行帷幕灌浆时，各灌浆段在灌浆前宜进行简易压水试验。简易压水试验可与裂隙冲洗结合进行。采用自下而上分段灌浆法时，灌浆前可进行全孔一段简易压水试验和孔底段简易压水试验。

（6）灌浆方法。根据不同的地质条件和工程要求，帷幕灌浆可选用自上而下分段灌浆法、自下而上分段灌浆法、综合灌浆法及孔口封闭灌浆法。

（7）灌浆压力。灌浆压力应根据工程等级、灌浆部位的地质条件、承受水头等情况进行分析计算并结合工程类比拟定。重要工程的灌浆压力应通过现场灌浆试验论证。施工过程中，灌浆压力可根据具体情况进行调整。灌浆压力的改变应征得设计同意。

（8）各灌浆段灌浆的结束条件应根据地层和地下水条件、浆液性能、灌浆压力、浆液注入量和灌浆段长度等综合确定。应符合下列原则：

1）当灌浆段在最大设计压力下，注入率不大于 1L/min 后，继续灌注 30min，可结束灌浆。

2）当地质条件复杂、地下水流速大、注入量较大、灌浆压力较低时，持续灌注的时间应适当延长。

（9）全孔灌浆结束后，应以水灰比为 0.5 的新鲜普通水泥浆液置换孔内稀浆或积水，采用全孔灌浆封孔法封孔。

二、防渗墙工程质量控制要点

混凝土防渗墙施工工序宜分为造孔、清孔（包括接头处理）、混凝土浇筑（包括钢筋笼、预埋件、观测仪器安装埋设）3 个工序，其中混凝土浇筑为主要工序。

（一）泥浆质量控制

（1）开工之前应根据设计和施工要求、施工条件确定固壁泥浆的种类和性能指标，对料源情况进行调查，并完成泥浆配合比试验、选择工作。泥浆的配合比，应根据地层特性、成槽方法、泥浆用途，通过试验选定。

（2）拌制泥浆的土料可选择膨润土、黏土或两者的混合料。

（3）应根据地质条件、成槽深度、成槽阶段、成槽工艺、施工条件等选择相应性能的泥浆。宜优先选用膨润土作为主材，处理剂应通过现场试验确定。

（4）拌制泥浆的方法及时间应通过试验确定。膨润土泥浆应选用高速搅拌机拌制，溶胀时间宜不小于 12h。

（二）槽孔建造

（1）槽孔建造设备和方法，可根据地层情况、墙体结构型式及设备性能进行选择，必要时可选用多种设备组合施工。可采用的成槽方法有钻劈法、钻抓法、抓取法、铣削法等。

（2）槽孔建造结束后，应进行终孔质量检验，合格后方可进行清孔。

（3）清孔检验合格后，应于 4h 内开浇混凝土，因吊放钢筋笼或其他埋设件不能在 4h 内开浇混凝土的槽孔，浇筑前应重新测量淤积厚度，如超过 100mm 须再次清孔。

（三）混凝土墙体施工

（1）混凝土的实际拌和及运输能力，应不小于平均计划浇筑强度的 1.5 倍，并大于最大计划浇筑强度。

（2）混凝土终浇高程应高于设计规定的墙顶高程 0.5m。

（3）防渗墙墙体应均匀完整，不应有混浆、夹泥、断墙、孔洞等。

（四）墙体质量检查

墙体质量检查应在成墙后 28d 进行，检查内容为必要墙体物理力学性能指标、墙段接缝和可能存在的缺陷。检查可采用钻孔取芯、注水试验或其他检测等方法，注水试验按照《水利水电工程注水试验规程》（SL 345—2007）的规定进行。检查孔的数量宜为每15～20个槽孔一个位置应具有代表性。遇有特殊要求时，可酌情增加检测项目及检测频率，固化灰浆和自凝灰浆的质量检查可在合适龄期进行。

三、地基排水工程质量控制要点

地基排水工程包括排水孔排水和管（槽）网排水，主要适用于坝肩、坝基、隧洞等岩体内设置排水孔的工程。

（一）排水孔排水

主要质量控制点为：孔径、钻孔清洗、钻孔地质编录、施工记录、孔内及孔口装置安装工序和孔口测试工序等检验项目。

（1）钻孔孔径直接影响排水效果，孔径越大，孔周越大，排水面越大，排水效果越好；孔径减小，岩体内析出的钙质等容易堵塞排水孔。为保证排水效果，将孔径列为主控项目。

（2）孔内及孔口保护装置是保护排水孔及量测排水量的重要设施，损坏后不易检查和处理，均列为主控项目。

（3）测渗系统安装位置稍有偏差，只要不漏水、不堵塞，测值能够满足要求。

（4）孔口测试只有一个主控项目，该项目能最直接反应排水量排水效果和地基渗透压力的大小，必须具有渗压、渗流量初始值，验收移交前的观测资料准确、齐全，验收后连续观测，才能对观测的渗透压力得出正确的结论，列为主控项目。

（二）管（槽）网排水

管（槽）网排水在透水性较好的覆盖层地基上应用较多，岩石地基上用的较多的是岩体内开挖出的溢洪道泄槽底板、消力池底板及电站尾水底板的排水，有的地下水位较高的部位，还有排水孔作为辅助。

铺设基面处理及管（槽）网铺设与保护两个工序都很重要，其施工质量往往不被重视，特别是岩基上基面处理。因此，对岩基上设置管（槽）网排水，参建各方应针对现场实际情况，研究制定相应的施工措施。

排水管（槽）网一般是一个系统，多个单元工程连成一个整体，每个单元工程都应该通水检查，并且在两单元工程接头处重点检查保护措施是否达到要求。

管（槽）网铺设及保护工序，该工序为主要工序，由于管（槽）网铺设完成后将被覆盖，维修维护非常困难，甚至是不可能，因此，一定要保证其材质、规格、接头连接和保护排水管（槽）网的材料材质，将其列为主控项目；管（槽）与基岩接触如不严密、漏水，覆盖物将会充填空隙，沿漏水通道进入排水管，造成堵塞，影响排水效果，甚至无法起到排水作用，且几乎无法修复。

四、喷锚支护和预应力锚索支护工程质量控制要点

（一）喷锚支护工程

1. 锚杆施工

（1）锚杆孔直径应符合相关规定，其中水泥砂浆锚杆孔径应大于杆体直径20mm

以上。

（2）锚杆孔深度应符合设计要求，超深不宜大于100mm。

（3）锚杆杆体与各部件的强度、加工精度及技术性能应经试验证明满足设计要求。

（4）单项工程锚杆施工前，应在施工现场进行锚杆安装试验。锚杆的结构、材料、安装工艺、施工机具等应满足设计要求。

（5）锚杆注浆。锚杆注浆时，注浆工艺须经注浆密实性模拟试验，密实度检验合格后方能在工程中实施。

（6）锚杆张拉。张拉锚杆孔的孔口应用早强砂浆作平整处理，其强度应能承担锚杆的最大荷载。应合理编排锚杆张拉的次序，减少张拉时对相邻锚杆的影响。若发现相邻锚杆预应力损失大于设计荷载的10%时，应进行补偿张拉。张拉锚杆的端部必须进行保护，防止锈蚀、碰撞，不可用于吊运及牵拉重物。

（7）锚杆质量检查。

1）同组锚杆的拉拔力平均值应符合设计要求。

2）任意一根锚杆的拉拔力不得低于设计值的90%。

3）注浆密实度不得低于70%。

4）锚杆的拉拔力不符合要求时，检测应再增加一组，如仍不符合要求，可用加密锚杆的方式予以补救。

2. 喷射混凝土施工

（1）水泥。应优先选用普通硅酸盐水泥，其强度等级不宜低于32.5MPa。也可采用强度等级不低于42.5MPa矿渣水泥。

（2）砂。应优先选用天然砂，也可采用人工砂。砂的细度模数宜为2.5～3.0，含水率宜为5%～7%。

（3）粗骨料。应优先采用坚硬、耐久、磨圆度好的卵石，也可采用机制碎石。卵石或人工碎石的粒径不宜大于15mm。

（4）喷射混凝土。表面应平整，其平均起伏差应控制在100mm以内；喷射混凝土的回弹率，边墙不应大于15%，顶拱不应大于25%。

（5）喷射混凝土养护。终凝2h后应开始喷水养护。养护时间一般工程不得少于7d，重要工程不得少于14d。

3. 锚喷支护施工监测

（1）施工监测应简单、快捷、仪器安装及监测对施工干扰小、操作简便、反应灵敏、信息反馈迅速。监测项目应以收敛监测、顶拱沉降监测为主，位移及应力量测为辅。

（2）收敛监测。

1）收敛量测断面应安排在工程的关键部位或围岩稳定较差的部位。其观测断面间距可按规定，实际布置时可根据围岩情况和施工条件调整。

2）每个观测断面的测点数量一般情况下为5个，但不得少于3个。

3）测点应布置在完整的岩体上，测点应牢固，做好保护，防止人为、机械或开挖飞石碰动。

（3）多点位移监测。

1）为监测开挖过程的全变形而设置的多点位移计，应在掌子面前方 2.0 倍洞径处埋设。

2）为监测洞室施工期围岩稳定或支护安全程度的多点位移计，应在开挖后距掌子面 1.0m 处埋设。

3）在同一观测断面上，可视观测部位需要埋设 1～3 支观测仪器，每支观测仪器可设 3～5 个观测点。

4）每支多点位移计的埋设深度和测点位置，可视监测需要设置，其最深测点应不小于 1.5 倍洞径。

（二）预应力锚索支护工程

预应力锚索（杆）施工工序宜按造孔、清孔、锚墩制作、编索、下索、锚固段注浆、张拉锁定、自由段注浆、封锚等工序顺序施工。

1. 原材料

（1）预应力锚索可根据工程性质、规模、锚固部位等情况选择预应力混凝土用钢丝、预应力混凝土用钢绞线或无黏结预应力钢绞线。预应力钢绞线的标准强度等级宜为 1860MPa（270 级）和 1960MPa（290 级）；预应力锚杆可采用预应力混凝土用螺纹钢筋，级别不宜低于 PSB785 级。

（2）进入施工现场的预应力钢丝、钢绞线、无黏结预应力钢绞线、预应力混凝土用螺纹钢筋和自钻式预应力锚杆材料在使用前应进行力学性能检测。预应力钢丝、钢绞线和无黏结预应力钢绞线检测项目应包括极限抗拉强度、伸长率和弹性模量；检测频次应为同品种、同型号、同厂家和同一批次，每 60t 为一个检测批次，不足 60t 应按一个检测批次取样，每批次取样数量应不少于 3 组。

2. 锚具

锚具及连接器进场后，应对全部锚具及连接器进行外观检查，不应有裂纹和影响受力性能的质量缺陷。应按每批次 10％且不少于 10 套的频次进行几何尺寸检查，抽检样品全部符合质量标准为合格，当有一套样品不符合技术条件时，应对进入施工现场的产品逐套检查，合格后方可使用。

3. 造孔

（1）造孔施工中，应记录地层变化，当钻进至锚固段部位时，应详细记录地质条件。锚固段岩体软弱、破碎，与设计要求不符时，应研究改善锚固段岩体质量或增加孔深的措施，使锚固段置于相对完整坚硬的岩体内。

（2）造孔完成后应清孔，清除孔底沉渣，孔底沉渣淤积厚度不宜大于 200mm。清孔后应测量孔深，有效孔深应满足设计要求。

4. 锚墩

锚墩混凝土和锚固段注浆体达到设计强度后，方可进行锚索张拉。锚索张拉完成后，不得碰撞锚头。

5. 锚索制作

锚索制作完成后，应进行外观检验，并签发合格证。成品锚索应挂有孔号标识牌，孔号牌与锚索孔位编号应一致,并注明完成日期、锚索孔号、锚索吨位、锚索长度等。无合格证及孔号牌的锚索不应运入安装作业区。

6. 张拉及锁定

(1) 预应力锚索张拉顺序及张拉工艺应根据设计要求和施工条件确定。

(2) 锚索张拉作业之前均应进行预张拉,预张拉作业应符合下列规定:

1) 应逐根进行钢绞线预张拉作业,并逐根锁定。

2) 预张拉荷载为设计张拉力的10%~20%,锚索短时取小值,锚索长时取大值。

(3) 预应力锚索张拉荷载可分5级施加,环形锚索可分6~8级,级差应均匀。

(4) 预应力锚索超张拉时,超张拉荷载可按设计张拉力的110%控制。

(5) 每级荷载持荷应不少于5min,最后一级荷载持荷应不少于10min。每级荷载施加后应量测每级荷载下钢绞线伸长值。锚索锁定后应测量回缩量,实测回缩量不应大于5mm。当实测回缩量大于5mm时,应采取相应的处理措施。

(6) 预应力锚索锁定48h内,锚索的预应力损失大于设计张拉力的10%时,应进行补偿张拉;锚索的预应力增幅大于设计张拉力的20%时,应对照其他监测资料,分析原因,经论证后再采取补救措施。

7. 注浆

(1) 预应力锚索锚固施工前应进行注浆试验,确定注浆工艺、注浆压力和浆液配比。

(2) 封孔注浆应在锚索张拉锁定后及时进行,宜超过72h,注浆压力应满足设计要求,并保持压力稳定。注浆量应与理论注浆量相近,并按规定频次采用无损检测方法测定注浆密实程度,注浆密实度不低于90%。

五、钻孔灌注桩工程

混凝土灌注桩可分为泥浆护壁灌注桩和沉管灌注桩。泥浆护壁钻孔灌注桩宜用于地下水位以下的黏性土、粉土、砂土、填土、碎石土及风化岩层,沉管灌注桩宜用于黏性土、粉土和砂土,夯扩桩宜用于桩端持力层为埋深不超过20m的中、低压缩性黏性土、粉土、砂土和碎石类土。

(一) 材料质量控制重点

(1) 泥浆制备应选用高塑性黏土或膨润土。

(2) 钢筋质量应符合设计要求。搬运和吊装钢筋笼时,应防止变形,安放应对准孔位,避免碰撞孔壁和自由落下,就位后应立即固定。

(3) 沉管灌注桩桩头应选用钢筋混凝土预制桩头;其混凝土强度等级应不低于C30,钢号应选用Ⅰ级钢。在硬土层中施工,尚应采用环形钢板加强。

(二) 成孔质量控制要点

(1) 桩在施工前,宜进行试成孔。

(2) 成孔设备就位后,必须平整、稳固,确保在成孔过程中不发生倾斜和偏移。应在成孔钻具上设置控制深度的标尺,并应在施工中进行观测记录。

(3) 成孔控制深度。成孔的控制深度应符合下列要求:

1）摩擦型桩：摩擦型桩应以设计桩长控制成孔深度，端承摩擦型桩必须保证设计桩长及桩端进入持力层深度。当采用锤击沉管法成孔时，桩管入土深度控制应以标高为主，以贯入度控制为辅。

2）端承型桩：当采用钻（冲）挖掘成孔时，必须保证桩端进入持力层的设计深度；当采用锤击沉管法成孔时，沉管深度控制以贯入度为主，以设计持力层标高对照为辅。

（4）灌注桩成孔施工的允许偏差应在规范允许范围之内。

（5）钻孔达到设计深度，灌注混凝土之前，孔底沉渣厚度指标应符合下列规定：①对端承型桩，不应大于 50mm；②对摩擦型桩，不应大于 100mm；③对抗拔、抗水平力桩，不应大于 200mm。

（三）水下混凝土灌注

（1）钢筋笼吊装完毕后，应安置导管或气泵管二次清孔，并应进行孔位、孔径、垂直度、孔深、沉渣厚度等检验，合格后应立即灌注混凝土。

（2）水下灌注的混凝土应符合下列规定：

1）水下灌注混凝土必须具备良好的和易性，配合比应通过试验确定；坍落度宜为 180～220mm；水泥用量不应少于 360kg/m³（当掺入粉煤灰时水泥用量可不受此限）。

2）水下灌注混凝土的含砂率宜为 40%～50%，并宜选用中粗砂；粗骨料的最大粒径应小于 40mm；粗骨料可选用卵石或碎石，其骨料粒径不得大于钢筋间距最小净距的 1/3。

3）水下灌注混凝土宜掺外加剂。

（3）直径大于 1m 或单桩混凝土量超过 25m³ 的桩，每根桩桩身混凝土应留有 1 组试件；直径不大于 1m 的桩或单桩混凝土量不超过 25m³ 的桩，每个灌注台班不得少于 1 组；每组试件应留 3 件。

（四）沉管起拔

（1）配有钢筋笼的沉管，在放置钢筋笼前，应先灌注部分混凝土至笼底高程，放置钢筋笼后再灌注混凝土至桩顶。

（2）分段起拔沉管时，前一段拔管高度应能容纳下一段灌入的混凝土量。

（3）采用倒打拔管法时，在管底未拔到桩顶高程前，倒打和轻击不得中断。

（五）灌注桩成桩质量检查重点

灌注桩成桩质量检查重点包括灌注桩桩位、有效桩径、顶底高程和有效长度、贯入度标准检验、承载力检验成果、成桩检验等。

第四节 金属结构和机电设备工程

金属结构是水利水电工程中的压力钢管、平面闸门、拦污栅和启闭机等金属结构的统称。机电设备是电站设备、泵站设备及其他公用设备的统称。

一、压力钢管安装工程质量控制重点

压力钢管安装主要由管节安装、焊接与检验、表面防腐蚀处理等部分组成，其安装应符合相关技术要求及设计文件的规定。

（一）管节安装

（1）管节安装前应对钢管伸缩节和岔管的各项尺寸进行复测，并应符合规范和设计文件的规定。

（2）管节就位调整后，应与支墩和锚栓加固焊牢，防止浇筑混凝土时管节发生变形及移位。

（3）钢管、伸缩节和岔管的表面防腐蚀工作，除安装焊缝坡口两侧（100mm）外，均应在安装前全部完成，如设计文件另有规定，则应按设计文件的要求执行。

（4）管节安装质量控制包括始装管节里程；始装管节中心；始装管节两端管口垂直度；钢管圆度；纵缝对口径向错边量；环缝对口径向错边量，与蜗壳、伸缩节、蝴蝶阀、球阀、岔管连接的管节及弯管起点的管口中心；其他部位管节的管口中心等。

（二）焊接质量控制

焊接质量控制应作为主要内容进行监控，采用不同的检测手段来检查表面或内部缺陷，确保焊接构件的安全性与可靠性。

（1）应按照规范要求进行焊接工艺评定，确定相关焊接参数；并依据焊接工艺评定报告编制相关焊接工艺操作规程，报监理人审批通过后，组织进行焊接。

（2）焊接质量检验内容包括裂纹、表面夹渣、咬边、表面气孔、未焊满、焊缝余高、对接焊缝高度等。

（3）焊缝检测（查）。焊缝应进行100%外观检查；焊缝内部质量检测应采用超声波检测和射线检测，焊缝表面检测可选用磁粉检测或渗透检测；无损检测应在焊接完成24h以后进行，检测方法、检测长度及检测比例应符合规范要求。

（三）金属表面防腐处理

金属表面防腐处理作为重要内容进行监控，应选用无毒、挥发性气体指标满足国家相关标准要求的防腐涂料；涂装作业前，应按照设计文件及规范要求编制涂装作业措施方案，并报监理人审批；涂装作业严格按照批复的措施方案组织施工，加强对金属结构表面处理的控制，除锈等级应满足设计文件要求。

压力管表面防腐蚀质量检验包括管道内外壁表面清除、局部凹坑焊补、灌浆孔堵焊和表面防腐蚀（焊缝两侧）等检验项目。

（四）水压试验

明管和岔管宜做水压试验，其水压试验及试验压力值应符合设计文件规定，水压试验应在焊缝质量检验合格后进行。

二、闸门安装质量控制要点

（一）埋件安装

1. 预埋件安装前检查

（1）预埋在一期混凝土中的锚栓或锚板，应按设计图样制造、预埋，在混凝土浇筑之前应对预埋的锚栓或锚板位置进行检查、核对。

（2）埋件安装前，门槽中的模板等杂物及有油污的地方应清除干净。一期、二期混凝土的结合面应凿毛，并冲洗干净。二期混凝土门槽的断面尺寸及预埋锚栓或锚板的位置应复验。

（3）埋件安装前，应对埋件各项尺寸进行复验。

（4）平面闸门埋件安装的公差或极限偏差应符合标准要求。

2．预埋件安装质量检查

（1）埋件安装调整好后，应将调整螺栓与锚栓或锚板焊牢，埋件在浇筑二期混凝土过程中不应变形或移位。

（2）埋件安装完，经检查合格，应在5d内浇筑二期混凝土。如过期或有碰撞，应予复测，复测合格，方可浇筑二期混凝土。二期混凝土一次浇筑高度不宜超过5m，浇筑时，应注意防止撞击埋件和模板，并采取措施捣实混凝土，应防止二期混凝土离析、跑模和漏浆。

（3）埋件的二期混凝土强度达到70％以后方可拆模，拆模后应对埋件进行复测，并做好记录。同时检查混凝土尺寸，清除遗留的外露钢筋头和模板等杂物，以免影响闸门启闭。

（4）工程挡水前，应对全部检修门槽和共用门槽进行试槽。

（5）闸门埋件安装质量检验包括底槛、主轨、侧轨、反轨、止水板、门楣、护角、胸墙和埋件表面防腐蚀等检验项目。

（6）平面闸门埋件工程安装质量验收评定时，应提交埋件的安装图样、安装记录、埋件焊接与表面防腐蚀记录、重大缺陷处理记录等资料。

（二）平面闸门门体安装

1．门体安装

整体闸门在安装前，应对其各项尺寸进行复测，并符合有关规定的要求。

分节闸门组装成整体后，除应按有关规定对各项尺寸进行复测外，并应满足下列要求：

（1）节间如采用螺栓连接，则螺栓应均匀拧紧，节间橡皮的压缩量应符合设计要求。

（2）节间如采用焊接，则应采用已经评定合格的焊接工艺，按有关规定进行焊接和检验，焊接时应采取措施控制变形。

2．充水阀

充水阀尺寸应符合设计图样，其导向机构应灵活可靠，密封件与座阀应接触均匀，并满足止水要求。

3．止水橡皮

（1）止水橡皮的螺栓孔位置应与门叶和止水压板上的螺栓孔位置一致，孔径应比螺栓直径小1mm。应采用专用空心钻头制孔，不应镗孔，均匀拧紧螺栓后，其端部至少应低于止水橡皮自由表面8mm。

（2）止水橡皮表面应光滑平直，橡塑复合水封应保持平直运输，不得盘折存放。其厚度极限偏差为±1mm，截面其他尺寸的极限偏差为设计尺寸的2％。

（3）止水橡皮接头可采用生胶热压等方法胶合，胶合接头处不得有错位、凹凸不平和疏松现象；若采用常温黏结剂胶合，抗拉强度应不低于橡胶水封抗拉强度的85％。

（4）闸门处于工作状态时，止水橡皮的压缩量应符合图样规定，并进行透光检查或冲水试验。

4. 闸门静平衡试验

平面闸门应做静平衡试验，试验方法为：将闸门吊离地面100mm，通过滚轮或滑道的中心测量上、下游与左、右方向的倾斜，平面闸门的倾斜不应超过门高的1/1000，且不大于8mm；平面链轮闸门的倾斜应不超过门高的1/1500，且不大于3mm；当超过上述规定时，应予配重。

（三）弧形闸门门体安装

（1）圆柱铰和球铰及其他形式支铰铰座安装公差或极限偏差符合标准要求。

（2）分节弧形闸门门叶组装成整体后，应按本标准有关规定对各项尺寸进行复测。复测合格后采用评定合格的焊接工艺，进行门叶结构焊接和检验，焊接时应采取措施控制变形。当门叶节间采取螺栓连接时，应遵照螺栓连接有关规定进行紧固和检验。

（3）止水橡皮的质量应符合国家或行业有关技术标准的规定，顶、侧止水橡皮安装质量应符合有关规定。

（四）闸门试验

（1）闸门安装合格后，应在无水情况下做全行程启闭试验。试验前应检查自动挂脱梁挂钩脱钩是否灵活可靠；充水阀在行程范围内的升降是否自如，在最低位置时止水是否严密；同时还须清除门叶上和门槽内所有杂物并检查吊杆的连接情况。启闭时，应在止水橡皮处浇水润滑。有条件时，工作闸门应做动水启闭试验，事故闸门应做动水关闭试验。

（2）闸门启闭过程中应检查滚轮、支铰及顶、底枢等转动部位运行情况，闸门升降或旋转过程有无卡阻，启闭设备左右两侧是否同步，止水橡皮有无损伤。

（3）闸门全部处于工作部位后，应用灯光或其他方法检查止水橡皮的压缩程度，不应有透亮或有间隙。如闸门为上游止水，则应在支承装置和轨道接触后检查。

（4）闸门在承受设计水头的压力时，通过任意1m长度的水封范围内漏水量不应超过0.1L/s。

三、启闭机安装质量控制重点

启闭机类型分为固定卷扬式启闭机、螺杆式启闭机、液压式启闭机等。螺杆式启闭机和固定卷扬式启闭机安装质量控制措施基本相同，因此这里主要介绍固定卷扬式启闭机和液压式启闭机。

（一）固定卷扬式启闭机

1. 安装前质量控制

固定卷扬式启闭机出厂前，应进行整体组装和空载模拟试验，有条件的应作额定载荷试验，经检验合格后，方可出厂。

钢丝绳应有序地逐层缠绕在卷筒上，不应挤叠、跳槽或乱槽。当吊点在下限时，钢丝绳留在卷筒上的缠绕数应不小于 4 圈，其中 2 圈作为固定用，另外 2 圈为安全圈，当吊点处于上限位置时，钢丝绳不应编绕到圈筒绳槽以外。

2. 安装质量检验

固定卷扬式启闭机安装检验包括纵、横向中心线与起吊中心线之差等检验项目。

3. 固定卷扬式启闭机试运行

固定卷扬式启闭机试运行由电气设备试验、无载荷试验、载荷试验三部分组成。

（1）电气设备试验。接电试验前应检查全部接线并且符合图样规定线路的绝缘电阻应大于 0.5MΩ。试验中电动机和电气元件温升不能超过各自的允许值，试验应采用该机自身的电气设备。元件触头有烧灼者应予更换。

（2）无载荷试验。启闭机吊具上不带闸门的运行试验，应在全行程内往返 3 次。

（3）载荷试验。启闭机吊具上带闸门的运行试验，宜在设计水头工况下进行。对于动水启闭的工作闸门启闭机或动水闭静水启的事故闸门启闭机，应在动水工况下闭门 2 次。

试运行试验结束后，机构各部分不得有破裂、永久变形，连接松动或损坏；电气部分应无异常发热现象等影响性能和安全的质量问题。

（二）液压式启闭机

1. 安装质量控制

吊装液压缸时，应采取防止变形的措施，根据液压缸直径、长度和重量决定支点或吊点个数。所有支点处应采用垫木支撑。

现场安装管路进行整体循环油冲洗，冲洗速度宜达到紊流状态，滤网过滤精度应不低于 10μm，冲洗时间不少于 30min。

调整上下限位点及充水接点，高度指示装置显示的数据能正确表示出闸门所处位置。

现场注入的液压油型号、油量及油位应符合设计要求，液压油过滤精度应不低于 20μm。

2. 试运行质量控制

液压式启闭机试运行由试运行前检查、油泵试验、手动操作试验、自动操作试验、闸门沉降试验、双吊点同步试验等检验项目组成。

（1）运行前检查。油缸试运转前运行区域内的一切障碍物应清除干净，保证闸门及油缸运行不受卡阻。

（2）油泵试验。油泵第一次启动时，应将油泵溢流阀全部打开，连续空转 30min，油泵不应有异常现象。

（3）手动操作试验。启闭闸门，检验液压缸缓冲装置减速情况和闸门有无卡阻现象，并记录运行水头、闸门全开过程的系统压力值。手动操作试验无误后，方可进行自动操作试验。

（4）自动操作试验。快速关闭闸门试验时，记录闸门提升、快速关闭、持住力、缓冲的时间和当时库水位及系统压力值，其快速关闭时间应符合设计规定。快速关闭闸门试验时，应做好切断油路的应急准备，以防闸门过速下降。

（5）闸门沉降试验。液压启闭机将闸门提起进行沉降试验，并满足以下规定：在 24h

内，闸门因液压缸的内部漏油而产生的沉降量应不大于 100mm；24h 后，闸门的沉降量超过 100mm 时，应有警示信号提示，闸门的沉降量超过 200mm 时，液压系统应具备自动复位的功能。72h 内自动复位次数不多于 2 次。

（6）双吊点同步试验。双吊点液压启闭机，如有自动纠偏功能时，同一台启闭机的两套油缸在行程内任意位置的同步偏差大于设计允许值时，应自动投入纠偏装置。

四、发电设备安装质量控制要点

水轮发电机组型式分为立式水轮发电机组、卧式水轮发电机组、灯泡贯流式水轮发电机组等。

（一）水轮发电机组安装前质量控制要点

（1）水轮发电机组设备，应符合国家现行的技术标准和订货合同约定。设备到达接受地点后，安装单位可应业主要求，参与设备开箱、清点，检查设备供货清单及随机装箱单。

以下文件，应同时作为机组及其附属设备安装及质量验收的重要依据：

1）设备的安装、运行及维护说明书和技术文件。

2）全部随机图纸资料（包括设备装配图和零部件结构图）。

3）设备出厂合格证，检查、试验记录。

4）主要零部件材料的材质性能证明。

（2）水轮发电机组安装所用的全部材料，应符合设计要求。对主要材料，必须有检验和出厂合格证明书。

（3）设备在安装前应进行全面清扫、检查，对重要部件的主要尺寸及配合公差应根据图纸要求并对照出厂记录进行校核。设备检查和缺陷处理应有记录和签证。制造厂质量保证的整装到货设备在保证期内可不分解。

（二）设备安装过程质量控制要点

（1）设备安装应在基础混凝土强度达到设计值的 70% 后进行。基础板二期混凝土应浇筑密实。

（2）设备组合面应光洁无毛刺。

（3）部件的装配应注意配合标号。多台机组在安装时，每台机组应用标有同一系列标号的部件进行装配。

（4）有预紧力要求的连接螺栓，其预应力偏差不超过规定值的 ±10%。制造厂无明确要求时，预紧力不小于设计工作压力的 2 倍，且不超过材料屈服强度的 3/4。

（5）现场制造的承压设备及连接件进行强度耐水压试验时，试验压力为 1.5 倍额定工作压力，但最低压力不得小于 0.4MPa，保持 10min，无渗漏及裂纹等异常现象。

（6）设备容器进行煤油渗漏试验时，应至少保持 4h，无渗漏现象，容器做完渗漏试验后一般不宜再拆卸。

（7）水轮发电机组的部件组装和总装配时以及安装后都必须保持清洁，机组安装后必须对机组内、外部仔细清扫和检查，不允许有任何杂物和不清洁之处。

（8）水轮发电机组各部件的防腐涂漆，在安装过程中部件表面涂层局部损伤时，应按部件原涂层的要求进行修补。

（三）水轮发电机组试运行

1. 机组充水试验

（1）向尾水调压室、尾水管及蜗壳充水平压，检查各部位，应无异常现象。

（2）根据设计要求分阶段向引水、输水系统充水，监视、检查各部位变化情况，应无异常现象。

（3）平压后在静水下进行进水口检修闸门、工作闸门、蝴蝶阀、球阀、筒形阀的手动、自动启闭试验，启闭时间应符合设计要求。

（4）检查和调试机组蜗壳取水系统及尾水管取水系统，其工作应正常。机组技术供水系统各部水压、流量正常。

2. 机组空载试运行

（1）机组启动过程中，监视各部位，应无异常现象。

（2）停机后检查机组各部位，应无异常现象。

（3）机组过速试验，应按设计规定以过速保护装置整定值进行，监视并记录各部轴承温度，油槽无甩油。

3. 机组并网及负载下试验

（1）机组带负荷试验，有功负荷应逐步增加，各仪表指示正确，机组各部温度、振动、摆度符合要求，运转应正常。观察在各种工况下尾水管补气装置的工作情况、在当时水头下的机组振动区及最大负荷值。

（2）机组甩负荷试验，应在额定负荷的 25%、50%、75%、100% 下分别进行，并记录有关参数值。观察自动励磁调节器的稳定性，甩 100% 负荷时，发电机电压超调量不大于 15% 额定值，调节时间不大于 5s，电压摆动次数不超过 3 次。

（3）在额定负载下，机组应进行 72h 连续运行。

（4）机组 30d 考核试运行期间，由于机组及其附属设备故障或因设备制造安装质量原因引起中断，应及时处理，合格后继续进行 30d 运行，若中断运行时间少于 24h，且中断次数不超过三次，则中断前后运行时间可以累加；否则，中断前后时间不得累加计算，应重新开始 30d 考核试运行。

五、水泵安装质量控制要点

水泵型式分为立式机组、卧式与斜式机组、贯流式机组等。

（一）水泵安装前的质量控制要点

（1）审查有关技术资料及图样，并商讨有关重大技术和安全措施。

（2）审查土建施工单位提供的设备安装工作面和与设备安装有关的基准线、基准点和水准标高点等，并应符合安装工作要求。

（3）对与设备安装有关的土建施工进行验收。

（4）检查安装前的设备基础混凝土强度和沉陷观测资料。设备基础混凝土应达到设计强度的 70% 以上。

（5）设备安装不宜与土建施工或其他作业交叉进行。确需交叉进行的，设备安装单位应做好设备防尘、防水、防损坏等保护措施。

（二）预埋件质量控制要点

（1）主机组安装基础的标高应与设计图样相符，其允许偏差应为 $-5\sim0$mm。

（2）预埋件的材料、型号、形状尺寸及位置尺寸应符合施工图的要求。安装前应清除预埋件表面的油污、氧化物和尘土等。

（3）预埋螺栓安装定位后，应及时采取保护措施，防止丝杆部分污损。

（4）基础及埋件安装后应加固牢靠、无松动；基础螺栓、千斤顶、拉紧器、楔子板、基础板等部件安装后均应点焊固定；基础板应与预埋钢筋焊接。

（5）预埋管道的出口位置尺寸偏差不应大于 10mm，管口伸出混凝土面的长度不应小于 300mm 且不小于法兰的安装尺寸，管口应设可靠封堵。

（6）基础二期混凝土的施工应符合下列要求：

1）主机组各部基础二期混凝土施工均应一次浇筑成型，不得在初凝后补面。

2）二期混凝土宜采用细石混凝土，其强度应比一期混凝土高一级。体积太小时，可采用水泥砂浆，但强度不得降低。

3）与埋件接触的基础混凝土中不得加入对预埋件产生腐蚀作用的添加剂。

4）设备安装应在基础二期混凝土强度达到设计值的 80% 以上后进行。

（三）水泵安装过程质量控制要点

（1）水泵及电动机组合面的合缝检查。

1）合缝间隙可用 0.05mm 塞尺检查，塞尺不得通过。

2）当允许有局部间隙时，可用不大于 0.10mm 塞尺检查，深度应不超过组合面宽度的 1/3，总长应不超过周长的 20%。

3）精制螺栓及定位销的配合公差应符合设计要求。

4）组合缝处的安装面高差应不超过 0.10mm。

（2）承压设备及其连接件的耐压试验

1）强度耐压试验。试验压力应为 1.5 倍额定工作压力，保持压力 10min，无渗漏及裂纹等现象。

2）严密性耐压试验。试验压力应为 1.25 倍额定工作压力，保持压力 30min，无渗漏现象。

3）电动机冷却器应按设计要求的试验压力进行耐压试验。如设计部门无明确要求，则试验压力宜为 0.35MPa，保持压力 60min，无渗漏现象。

（3）油槽等开敞式容器应进行煤油渗漏试验，试验时至少保持 4h，无渗漏现象。容器做完渗漏试验后如再拆卸，则应重新进行渗漏试验。

（4）设备各连接部件的销钉、螺栓、螺帽，均应按设计要求锁定或点焊牢固。有预应力要求的连接螺栓应测量紧度，并应符合设计要求。部件安装定位后，应按设计要求安装定位销。

（四）机组试运行

（1）对于高扬程泵站，宜进行一次事故停泵后有关水力参数的测试，检验水锤防护设施是否安全可靠。

（2）测定泵站机组的振动。振动限值应符合标准规定。

（3）机组带负荷连续试运行应符合以下要求：

1）单台机组试运行时间应在 7d 内累计运行 48h 或连续运行 24h（均含全站机组联合运行小时数）。全站机组联合运行时间宜为 6h，且机组无故障停机次数不宜少于 3 次，每次无故障停机时间不宜超过 1h。

2）受水位或水量限制，执行全站机组联合运行时间确有困难时，可由试运行工作组或竣工验收主持单位根据具体情况适当减少，但不应少于 2h。

六、水利工程设备制造质量控制要点

水利工程设备制造质量控制是指监理单位受项目法人委托对发电机组、水泵机组及其附属设备，以及闸门、压力钢管、拦污设备、起重启闭设备等机电设备及金属结构生产制造过程的质量控制。

（一）水利工程设备制造质量控制主要工作内容

水利工程设备制造质量控制主要工作内容包括：

（1）审查设备制造单位报送的工艺方案和生产计划，提出审查意见。

（2）对制造单位的设备、人员、材料、加工流程和工艺、加工环境等可能影响设备制造质量的因素实施全面控制，并贯穿于设备制造的全过程。

（3）严把材料关，制造零部件的材料必须符合设计图纸要求，严格审查材料的出厂合格证及相关试验报告，凡没有合格证的或抽检不合格的，不得使用。

当设备制造单位采用新材料、代用材料、新工艺、新技术时，应向监理机构报送经论证符合相关法规和技术标准规定的相应工艺措施和证明材料，经监理机构审查后报项目法人批准。

（4）对加工零部件的机具设备、测量仪器、试验设备等进行检查，必须满足加工工艺的要求，相关仪器设备需经过检验合格并在有效期内才能使用。

（5）对于重要的外购外协件，监理工程师应对设备的外购外协件进行核查并确定其是否符合要求，必要时应到场进行见证。

（6）对主要零部件的质量控制点设置和制造过程监督控制，严格加强各工序的质量监督和检验。

（7）监理工程师应审查设备制造的检验计划和检验要求，确认各阶段的检验时间、内容、方法、标准以及检测手段、检测设备和仪器。

（8）监理工程师应参加设备制造过程中的调试、整机性能的检测和验证工作，符合要求时予以签认。

（9）按照国家、部门、地方的有关法规、技术标准、设备制造和监理合同文件的有关规定，做好设备出厂验收的监理工作。

(二) 金属结构与机电设备制造质量控制要点

1. 平面闸门

(1) 材料检验。验证钢材、防腐材料等材料的材质证明，应符合图样规定，具有出厂质量证书，必要时要求制造单位对材料的化学成分及机械性能进行复验。

(2) 平板。检查平板后的钢板局部平整度是否达到规范要求。

(3) 下料。检查切断面粗糙度及尺寸。

(4) 零部件制作。检查零部件材质、尺寸、加工精度。

(5) 铸锻件毛坯的加工余量及表面、内部质量检查。成品零件按图纸要求检查。

(6) 单节门叶尺寸控制。检查组焊后尺寸。

(7) 门体整体组装后尺寸控制。检查组装公差与允许偏差，应符合规范有关规定。

(8) 焊缝质量的检验。所有焊缝的外观质量及一类、二类焊缝的内部质量检验（NDT）等。

(9) 防腐表面预处理。表面粗糙度、清洁度的检测。

(10) 涂装环境控制。涂装后的干膜厚度及附着力检测。

2. 弧形闸门

(1) 材料检验。验证钢材、防腐材料等材料的材质证明，应符合图样规定，具有出厂质量证书，必要时要求制造单位对材料的化学成分及机械性能进行复验。

(2) 平板。检查平板后的钢板局部平整度是否达到规范要求。

(3) 下料。检查切断面粗糙度及尺寸。

(4) 零部件制作。检查零部件材质、尺寸、加工精度。

(5) 铸锻件毛坯的加工余量及表面、内部质量检查。成品零部件按图纸要求检查。

(6) 门叶制造。胎具组焊前对胎具检查。

(7) 门叶尺寸控制。检测门叶组焊后尺寸公差与允许偏差，应符合规范有关规定，尚应控制支铰轴孔同轴度及倾斜度公差。

(8) 焊缝质量的检验。所有焊缝的外观质量及一类、二类焊缝的内部质量检验（NDT）等。

(9) 弧门整体预组装尺寸控制。检测支铰中心至门叶中心距、支铰中心至门叶中心及与面板外缘半径偏差；检测支臂中心位置偏差。

(10) 防腐表面预处理。表面粗糙度、清洁度的检测。

(11) 附件质量及装配尺寸控制。检查附件的质量证明文件；检查预组装装配尺寸是否符合设计要求。

3. 固定卷扬式启闭机

(1) 机架。

1) 焊缝检查。机架翼板和腹板焊接后的允许偏差应符合规定。

2) 成品检验。各轴承座、电动机座、减速器座、制动器座等应进行整体机械加工，加工后的平面度不应大于0.5mm，各加工面之间相对高度差不应大于0.5mm。

(2) 钢丝绳。主要进行外观检查。钢丝绳绕在绳盘上出厂、运输、存放，表面应涂油，两端应扎紧并带有注明订货号及规格的标签。钢丝绳多余部分不应用火焰切割，不应接长。

（3）滑轮。

1）滑轮上有裂纹时，应报废。

2）当滑轮直径大于 600mm 时，宜采用轧制滑轮。

3）装配好的滑轮绳槽底径圆跳动不应大于轮径的 2.5/1000；装配好的滑轮应转动灵活。

（4）卷筒。

1）铸铁卷筒应进行时效处理，铸钢卷筒应进行退火处理，焊接卷筒应进行时效或退火处理。

2）卷筒上有裂纹时，应报废。

（5）联轴器。

1）联轴器毛坯宜采用锻钢件并进行调质处理。

2）有裂纹时，应报废。

4. 螺杆式启闭机

（1）螺杆。

1）螺杆应采用梯形螺纹。

2）螺纹工作表面应光洁、无毛刺，其表面粗糙度不应大于 $Ra6.3\mu m$。

3）螺杆直线度在每 1000mm 内不应大于 0.6mm；长度不大于 5m 时，全长直线度不应大于 1.5mm；长度不大于 8m 时，全长直线度不应大于 2.0mm。

4）螺距偏差不应大于 0.025mm，螺距累计误差在螺纹全长不应大于 0.15mm。

（2）螺母。

1）螺纹工作表面应光洁、无毛刺，其表面粗糙度不应大于 $Ra6.3\mu m$。

2）铸造螺母不应有裂纹，螺纹工作面上不应有气孔、砂眼等缺陷。

（3）蜗杆。

1）蜗杆齿面硬度应为 35～45HRC。

2）蜗杆精度不应低于《圆柱蜗杆、蜗轮精度》（GB/T 10089—2018）中 9b 级的规定。

3）蜗杆齿面表面粗糙度不应大于 $Ra6.3\mu m$；不应有裂纹，齿面不应有缺陷，也不应焊补。

（4）蜗轮。

1）蜗轮精度不应低于 GB/T 10089—2018 中 9b 级的规定。

2）蜗轮齿面表面粗糙度不应大于 $Ra6.3\mu m$；涡轮不应有裂纹，齿面不应有缺陷，也不应焊补。

（5）机箱和机座。

1）机箱和机座的尺寸偏差应符合《铸件尺寸公差、几何公差与机械加工余量》（GB/T 6414—2017）的规定。

2) 机箱接合面间的局部间隙不应大于 0.02mm。

3) 机箱和机座不应有裂纹,也不应焊补;不应有降低强度和影响外观的缺陷。

5. 液压启闭机

(1) 缸体。

1) 缸体无钢管毛坯应 100% 进行超声波检测,质量不应低于《承压设备无损检测 第 3 部分:超声检测》(NB/T 47013.3—2015) 中 II 级的规定;锻钢毛坯应进行 100% 超声波检测,质量不应低于《钢锻件超声检测方法》(GB/T 6402—2024) 中 2 级的规定。

2) 缸体内孔表面粗糙度应符合活塞密封件和导向件的要求,无明确要求时不应大于 $Ra0.4\mu m$。

3) 缸体尺寸偏差应符合相关标准。

(2) 缸盖。

1) 缸盖锻钢毛坯应 100% 进行超声波检测,质量不应低于 GB/T 6402—2024 中 2 级的规定;铸钢毛坯应 100% 进行超声波检测,质量不应低于《铸钢件 超声检测 第 2 部分:高承压铸钢件》(GB/T 7233.2—2023) 中 2 级的规定。

2) 缸盖配合面的圆柱度不应低于《形状和位置公差 未注公差值》(GB/T 1184—1996) 中 8 级的规定,同轴度不应低于 GB/T 1184—1996 中 7 级的规定。

3) 缸盖与缸体配合端面对缸盖轴线的垂直度不应低于 GB/T 1184—1996 中 8 级的规定。

(3) 活塞。

1) 活塞毛坯宜采用锻钢件。

2) 活塞导向段外圆对内孔的同轴度不应低于 GB/T 1184—1996 中 8 级的规定。

3) 活塞导向段外圆圆柱度不应低于 GB/T 1184—1996 中 8 级的规定。

4) 活塞端面对内孔轴线的垂直度不应低于 GB/T 1184—1996 中 8 级的规定。活塞导向段外圆柱面粗糙度不应大于 $Ra1.6\mu m$。

(4) 活塞杆。

1) 活塞杆宜采用整体钢锻件制造或钢轧制件制造,锻钢毛坯应 100% 进行超声波检测,质量不应低于 GB/T 6402—2024 中 3 级的规定;焊接接长制造的活塞杆,焊缝应 100% 进行超声波检测,质量不应低于 NB/T 47013.3—2015 中 II 级的规定。

2) 活塞杆导向段外径尺寸偏差应符合活塞杆密封件和导向件的要求,无明确要求时,外径公差不应低于《产品几何技术规范(GPS)线性尺寸公差 ISO 代号体系 第 1 部分:公差、偏差和配合的基础》(GB/T 1800.1—2020) 中 f8 的规定。

3) 活塞杆导向段外圆圆度不应低于 GB/T 1184—1996 中 8 级的规定。

4) 活塞杆导向段外圆母线直线度不应低于 GB/T 1184—1996 中 8 级的规定。

5) 活塞杆与活塞接触的端面对轴心线垂直度不应低于 GB/T 1184—1996 中 8 级的规定。

6) 活塞杆螺纹精度不应低于《普通螺纹 公差》(GB/T 197—2018) 中 6 级的规定。

7) 活塞杆表面采用堆焊不锈钢,加工后的不锈钢层厚度不应小于 1.0mm。

（5）液压元件。液压元件应有产品合格证或质量证明文件、厂内试压记录，外形应整洁美观，无损坏。

（6）油箱。

1）油箱应采用不锈钢材料，油箱内和爆缝应光滑，有加强板的不应形成清洗死角。

2）油箱应设置温度计、液位显示和发信装置；油箱上的空气滤清器应具有除水和干燥功能。

3）油箱应进行渗漏试验，注油前油箱内不应有任何污物，不应使用棉纱、纸张等纤维易脱落物擦拭内腔和装配面。

4）渗漏试验时，在焊缝处涂石灰液，石灰液干后在箱内加满清水静置 8h 以上，焊缝处不应有水印；或在箱内加压缩空气，箱外焊缝处涂肥皂水检验，应无肥皂气泡产生；或采用煤油渗透检测方法等。渗漏试验后，油箱应进行冲洗，滤网过滤精度不应低于 $10\mu m$，冲洗时间应以冲洗液固体颗粒污染度等级达到设计要求为准。

6. 压力钢管

（1）材料检验。验证钢材、防腐材料等材料的材质证明，有疑问时，可要求设备制造承包人进行复检。

（2）平板。检查平板后的钢板局部平整度是否达到规范要求。

（3）下料。检查钢管瓦片的坡口线、方位线、检查线、水流方向，并设置标志；下料后检查瓦片的长、宽、对角线等。

（4）卷板。根据规范要求，采用一定长度的样板检查瓦片的弧度和扭曲度。

（5）焊接工艺评定；焊接设备及焊接材料的使用与管理；焊缝清理预热、层间温度控制及焊后保温或消氢等；焊接是否规范及参数选择等。

（6）组圆及单元对接。检测实际周长与设计周长差、相邻管节周长差、钢管管口平整度、支承环及加劲环与管架的垂直度等；对伸缩节检验内、外套管间的最大、最小间隙和平均间隙的差与平均间隙的比例等；检验与主、支管相邻的岔管管口圆度及管口中心等。

7. 水轮发电机组

（1）铸锻件。

1）水轮发电机的铸锻件应符合专用技术协议或合同及行业标准的规定。重要铸锻件如主轴、推力头、镜板、转子中心体等应由制造厂进行单件验收。

2）铸钢件金相组织应均匀致密，不允许有裂纹，表面光滑干净。

3）铸钢件主要受力区和高应力区不应有缺陷，其他区可有次要缺陷，但必须彻底铲除并补焊。铸钢件中次要缺陷系指需补焊的深度不超过实际厚度 20% 的缺陷，且在任何情况下都不应大于 25mm，补焊面积应考虑单机容量和尺寸的大小，但宜控制在 50～150cm² 范围内。

4）铸件尺寸应符合图纸要求。铸件尺寸不应减小到削弱铸件强度的 10% 或引起应力超过规定的允许值，尺寸也不应大到影响制造加工或其他零部件的合理配合。

（2）焊接。

1）焊接工艺应符合相关焊接通用技术条件的规定。

2）焊接接头的设计和填充金属的选择应考虑焊透性，填充金属应与母材有良好的熔合性。焊接坡口表面应无明显的缺陷，如夹层、锈蚀、油污或其他杂物。

3）焊缝应均匀一致、光滑，与母体金属熔合良好，无空穴、裂纹和夹渣。焊缝应进行无损探伤检查。

4）如用户要求对某部位焊缝机械性能进行检查，则由用户与制造厂协商按 GB/T 2650—2022～GB/T 2654—2008 等规范进行检查。

（3）涂层。

1）保护涂层应符合行业标准的规定，含有铅或其他重金属或被认为是危险的化学物质不应用于保护涂层。

2）除埋设件及锌金属和有色金属外，其他设备应清理干净后涂以保护层或采取防护措施。

3）水轮发电机所有未加工的表面，除埋设件外，均应涂防护漆。所有油槽内部应涂耐油漆。涂漆应遵守有关工艺标准，涂层的有效期应大于 5 年。

4）所有机械加工面应涂防锈涂料，其防锈期应大于 5 年。对重要的接合面、精密加工面涂封前应进行清洗，在涂封防锈涂料后应采取保护措施。

5）对耐磨性、耐蚀性、导电性或装饰性的镀层，应按行业标准的规定进行镀制、试验及检验。

8. 水泵机组制造

（1）叶轮。

1）叶轮加工完成后，应在制造现场按 ISO 1940 标准进行静平衡试验，精度不低于 G6.3 级。

2）转动各部件应具有足够强度以承受最大转速和应力，并具有足够的刚度和抗疲劳强度，确保转轮在周期性变动荷载下不出现任何裂纹断裂或有害变形。

3）叶轮装配后应测量断面进出水边高度差并有清晰的叶片角度刻度线。同一个轮毂上所有叶片的安放角应一致。各叶片外缘型线的倾角，最大偏差应小于 $0.25°$。

（2）叶片。

1）叶片采用单片铸造，外观检查光洁、无裂纹、夹砂、气孔、缩孔、黏砂等铸造缺陷，过流表面应光滑、无裂纹，表面粗糙度应在 $Ra1.6\mu m$ 之内，超声波探伤检查无缺陷波。

2）叶片与转轮室的间隙均匀、合适，保证叶片转动灵活，尽量减少容积损失。

（3）轮毂体。轮毂体为整体铸造，材料不低于 ZG310-570，可调节叶轮应保证轮毂体内有足够的空间安放叶片调节机构；轮毂表面为球形，保证叶片转动灵活，且叶片内缘与轮毂球形间隙均匀、合适，尽量减少容积损失。

（4）泵轴。

1）水泵主轴用优质钢锻造而成，材质不低于设计标准，主轴应具有足够的强度和刚度，承受在任何工况下作用在主轴上的扭矩、轴向力和水平力。

2）主轴两端与电动机轴、叶轮的连接，必须方便机组的拆卸和导轴承的布置，同时确保轴的同心度和弯曲度。主轴应在最大转速范围内运转而不发生有害的变形。

3）主轴应在方便摆度测量的位置进行表面抛光。

4）主轴加工之前应进行正火，且锻件需做无损探伤检查，符合标准要求。对轴承挡堆焊不锈钢前、后的直径进行检测，确保堆焊不锈钢硬度、厚度符合设计要求。

（5）水导轴承轴瓦材质的化学成分和机械性能应符合规范要求；水导轴承的加工及装配质量应符合设计要求。

（6）转轮室加工完毕后进行 0.2MPa、15min 的水压试验，不得有渗漏、冒汗现象。

（7）导叶体加工后对内腔进行水压试验，压力为 0.2MPa，时间为 2h。

（8）减速箱体应按《泵站设备安装及验收规范》（SL/T 317—2023）相关规定的要求做煤油渗漏试验。

第五节　水土保持工程和环境保护工作

一、水土保持工程质量控制要点

水土保持工程指的是生产建设项目的水土保持。根据《水土保持监理规范》（SL/T 523—2024）规定，水土保持工程包括事前监理、过程监理和验收监理。

（一）水土保持工程事前审查预控

水土保持工程事前审查主要包括参与主体工程与水土保持相关的招标文件、合同文件的核查，施工单位编制的水土保持施工技术方案、弃渣场使用规划及年度使用计划、表土剥离保护利用规划及年度利用计划等技术文件审批，以及风险分析、变更管控、建设单位授权的协调机制建立和宣传培训方案等相关事项预控。

1. 水土保持相关施工招标文件和合同文件核查

（1）涉及水土保持工程施工的相关条款，应符合批复的水土保持方案及相关设计文件要求。

（2）与运渣和弃渣堆置、取料场开采、边坡开挖等容易造成水土流失施工环节有关水土保持要求的技术条款，应明确施工单位的水土流失防治责任。

2. 水土保持施工技术方案审批

（1）从减少占压土地和损毁植被、减少土石方开挖量、剥离与保护表土、形成的边坡和迹地有利于植被的恢复和生态景观再造等方面审查是否符合水土保持要求。

（2）对总体施工方案、施工总平面布置、专项施工方案、施工工艺及方法、施工进度安排、工程质量控制、物料及人力资源配置等是否符合水土保持要求进行审查批复。

3. 组织弃渣场使用规划、表土剥离保护利用规划的审查

（1）弃渣场使用规划应与工程施工进度计划相适应，重点关注弃渣场选址、堆置方案及其防护工程设计的符合性，运渣道路、基底清理、表土剥离及临时堆存、弃渣堆置、拦挡工程、截排水工程等施工布置、施工时序、进度安排是否符合水土保持要求。

（2）组织对表土剥离保护利用规划的审查，规划应与工程施工工序和进度相适应，重

点关注表土剥离范围、面积、厚度、临时堆存与防护以及与后期表土回覆利用和植被恢复协调性。

（3）根据批准的弃渣场使用规划、表土剥离保护利用规划，审批施工单位上报的弃渣场年度使用计划、表土剥离保护利用年度计划，并监督年度计划的执行情况。

（二）水土保持工程过程质量控制

（1）水土保持措施体系、布局及实施情况与批复水土保持方案、后续设计文件的符合性，以及关键工序或重点部位施工情况，重点关注弃渣场使用规划的落实情况，料场和开挖边坡情况等。

（2）对涉及水土流失防治效果进行跟踪检查，并应关注施工扰动场地整治、损毁植被恢复情况。

（3）水土保持"三同时"（即建设项目中防治污染的设施与其他主体工程同时设计、同时施工、同时投产使用）制度执行情况，检查水土保持措施实施进度与主体工程施工进度计划的协调性，以及容易造成水土流失的关键工程、关键部位、关键施工工序相应的水土保持措施实施进度，重点关注表土剥离保存利用情况、弃渣场水土流失防治措施实施情况、料场和开挖边坡水土流失防治措施的落实情况。

（4）弃渣场使用规划及年度使用计划的落实情况，是否符合先拦后弃、先排洪后弃渣的要求，弃渣堆置及防护措施是否满足设计要求，是否存在严重水土流失隐患或危害，并填写弃渣场现场核查记录表。

（5）表土剥离保护利用规划及年度使用计划的落实情况，核查表土剥离是否满足水土保持要求，并填写表土剥离现场核查记录表。

（6）工程开挖和堆置的边坡是否满足植被恢复的基本条件。

（7）根据施工实际和水土流失情况，是否及时采取了相应的水土保持工程措施、植物措施及临时防护措施。

（8）核查临时防护措施的布设位置、防护范围、型式、规格尺寸等是否满足水土保持要求，并填写临时防护措施现场核查记录表。

（9）已实施的水土保措施运行是否存在问题或隐患。

二、环境保护工作质量控制要点

环境监理内容应包括因工程建设活动产生的废污水、粉尘、废气、噪声、垃圾、废渣等防治，采取的生态保护与补偿措施、污染治理设施建设，以及饮用水安全、预防传染病等人群健康保障措施等。环境监理区域应包括主体工程施工区、移民安置区与专项设施建设区，环境保护质量控制主要监理工作包括下列各项内容。

（一）环境保护事前审查预控

1. 对建设项目设计文件环境保护相关内容进行核查

设计文件环境保护相关内容核查，是对建设项目的设计文件符合环境影响评价、环境保护方案及其批准文件要求情况的检查。如：检查主体工程配套的环境保护设施设计是否按照环评文件及批复的要求进行了落实；工程选址和路线走向、工程规模、总平面布置、生产工艺、生产设备、产排污点等内容的复核；涉及环境敏感区设计内容审核重点审核工程与环境敏感区位置关系是否发生重大变化，变化带来的环境影响是否可以接受；涉及环境敏感区的施工方案、环境保护措施是否合理。

2. 环境保护措施方案审核

审核承包单位编制的环境保护措施方案是否符合有关法律、法规、规章、规范性文件、技术标准的规定以及设计文件的要求和工程承包合同的约定。

（二）环境保护过程质量控制

环境保护监理的主要任务是对工程建设过程中污染环境、破坏生态的行为进行监督管理，防止或减少施工过程污染物排放和生态破坏，实现污染物达标排放或符合生态保护要求，以及对工程的环保配套设施进行施工监理，确保项目环境影响评价文件中的环保设施要求得到落实，保证"三同时"的实施。在工程建设过程中，环境保护质量控制主要包括以下几个方面。

1. 水环境保护

（1）检查施工项目的废水、废浆和施工人员生活污水的处理设施，防止水域和海洋岸线区域等遭受污染，防止污染环境和影响土地功能。

（2）施工现场污水排放应达到国家标准《污水综合排放标准》（GB 8978—1996）的要求。

（3）督促承包人建设施工废污水的处理设施，补充完善技术防护措施。在施工现场应针对不同的污水，设置相应的处理设施，如沉淀池、隔油池、化粪池等。

（4）污水排放应委托有资质的单位进行废水水质检测，提供相应的污水检测报告。

（5）保护地下水环境。采用隔水性能好的边坡支护技术。在缺水地区或地下水位持续下降的地区，基坑降水尽可能少地抽取地下水；当基坑开挖抽水量大于 50 万 m^3 时，应进行地下水回灌，并避免地下水被污染。

（6）对于化学品等有毒材料、油料的储存地，应有严格的隔水层设计，做好渗漏液收集和处理。

（7）要求承包人在降水工程区域外沿设置警示标示或警戒线，做好相应的沉降观测；采取措施，保护地下设施的安全。

2. 大气环境保护

（1）检查与监测施工期大气污染防治达标排放情况，施工影响区域应达到规定的环境质量标准，严格限制向大气排放含有毒物质的废气和粉尘；确需排放的，必须经过净化处理，不超过规定的排放标准。

（2）检查施工期对大气环境质量产生影响的燃油机械设备，尾气排放应符合国家标准。

（3）检查作业过程中的降尘、通风设施及措施。如：土方作业阶段，采取洒水、覆盖等措施；对易产生扬尘的堆放材料应采取覆盖措施；对粉末状材料应封闭存放；场区内可能引起扬尘的材料及建筑垃圾搬运应有降尘措施，如覆盖、洒水等；浇筑混凝土前清理灰尘和垃圾时尽量使用吸尘器，避免使用吹风器等易产生扬尘的设备；机械剔凿作业时可用局部遮挡、掩盖、水淋等防护措施；高层或多层建筑清理垃圾应搭设封闭性临时专用道或采用容器吊运。

施工现场非作业区，达到目测无扬尘的要求。对现场易飞扬物质采取有效措施，如洒水、地面硬化、围挡、密网覆盖、封闭等，防止扬尘产生。

（4）运送土方、垃圾、设备及建筑材料等，不污损场外道路。运输容易散落、飞扬、流漏的物料的车辆，必须采取措施封闭严密，保证车辆清洁。施工现场出口应设置洗车槽。

（5）在场界四周隔挡高度位置测得的大气总悬浮颗粒物（TSP）月平均浓度与城市背景值的差值不大于 $0.08mg/m^3$。

（6）对油料等易挥发性生产资料的储存、使用场所的安全性进行有效监控。

（7）督促承包人改进施工工艺，完善降尘、除尘、通风设施和废（尾）气排放装置，补充完善技术防护措施。

3. 噪声控制

（1）检查施工期固定噪声的控制装置，对密封舱、密封操作室逐一进行验收。

（2）对固定式施工机械设备的选型和工艺进行符合性验收。

（3）对流动性施工机械设备的通行、作业区域进行限速和隔声屏障、警示布设检查。

（4）检查工程爆破控制技术的实施、爆破警戒区域的设置、爆破时间的执行。

（5）督促承包人合理安排施工计划，对敏感目标产生较大影响的作业活动应限制在夜间施工。

（6）对土石方开挖、爆破、砂石料生产、混凝土施工、车辆运输等施工活动进行检查，要求承包人严格执行相应的消除和降低噪声的措施，满足《建筑施工场界环境噪声排放标准》（GB 12523—2011）和所在区域《声环境质量标准》（GB 3096—2008）的要求，如建筑施工过程中场界环境噪声排放限值为昼间70分贝，夜间50分贝。

（7）督促承包人改进施工工艺，完善消除和降低噪声装置，补充完善技术防护措施。

（8）检查施工期间敏感区域降噪设备设施安装布设情况，减轻因施工活动对敏感区域造成的不利影响。

（9）使用低噪声、低振动的机具，采取隔音与隔振措施，避免或减少施工噪声和振动。

4. 固体废弃物处置

（1）对弃渣场、排泥场、生活垃圾箱或集中垃圾堆放点的管理进行检查，要求承包人严格按规范、标准要求进行固体废弃物处置，弃渣（土）和底泥的堆放和处置满足《一般工业固体废物贮存和填埋污染控制标准》（GB 18599—2020）及《土壤环境质量标准农用地土壤污染风险管理标准（试行）》（GB 15618—2018）的要求。

（2）监督承包人按《危险废物贮存污染控制标准》（GB 18597—2023）的要求进行危险废物的处理。

（3）督促承包人文明施工、改进管理措施，完善技术防护措施和处置设施，对生产垃圾和生活垃圾进行有序堆放和处置。

5. 土壤环境保护

（1）检查项目的清污、疏浚工程的排泥场围堰及防护设施。

（2）检查承包人对清淤底泥、疏浚排除物的化学、物理监测资料。

（3）检查清污、疏浚工程的排泥场围堰及防护设施的安全运行。

（4）检查承包人的底泥处置措施情况。

（5）检查承包人耕植土保护措施情况。

（6）对于有毒有害废弃物如电池、墨盒、油漆、涂料等应回收后交有资质的单位处理，不能作为建筑垃圾外运，避免污染土壤和地下水。

6. 生物保护及其他生态保护

（1）检查施工项目防止水土流失、植被破坏的防护设施。

（2）检查承包人对员工开展的生物保护及其他生态保护知识培训效果。

（3）检查承包人防止水土流失、植被破坏的防护设施的规范运行，防止废水、废浆、施工固体废弃物对土地、植被的污染。

（4）检查承包人在湿地、林区、草原、自然保护区、饮用水源保护区、生态用地红线控制区等附近的施工区域和临时生活区域的警戒线、警示标示的设置情况。

（5）对涉及珍稀濒危陆生动物和有保护价值的陆生动物的栖息地、珍稀濒危水生生物和有保护价值水生生物的栖息地、洄游通道的施工区，要求承包人根据不同的季节合理安排施工次序、作业时间，完善生态流量泄放、栖息地保护方案，预留洄游通道、迁徙通道、过鱼设施、人工增殖放流、人工鱼巢、低温水及气体过饱和减缓措施等保护措施。

（6）检查承包人对工程施工区及施工区周边的珍稀濒危植物、古树名木的工程防护措施；检查承包人根据生态适宜性要求迁至施工区外移栽的迁地移栽措施；检查承包人对其他有保护价值的植物的引种繁殖栽培、种子库保存等保护措施。

（7）生态清洁小流域建设项目的环境保护监理工作内容与要求应依照《生态清洁小流域建设技术导则》（SL 534—2013）相关规定进行。

（8）对于项目所包含的水土保持工程，施工监理工作应依照《水利水电工程水土保持技术规范》（SL 575—2012）、《水土保持工程施工监理规范》（SL 523—2011）的相关规定进行。

7. 人群健康保护

（1）检查承包人员工岗前体检资料。

（2）检查承包人卫生医疗机构设置、劳动卫生管理人员的配置情况。

（3）根据季节变化、施工人员健康状况和当地疫情等情况，特别是流行性疾病爆发区和血吸虫病疫区，督促承包人有针对性地进行体检，并增加体检的内容和频次。

（4）监督承包人定期对生活饮用水取水区、净水池（塔）、供水管道等设施进行的检查，保障饮用水设施的安全运行。

（5）要求承包人建立疫情报告和环境卫生监督制度，定期组织开展施工区环境卫生防疫检查。

（6）督促承包人定期开展岗中健康体检。

8. 景观和文物保护

（1）审核涉及风景名胜区、文物保护区所有作业活动的申请。

（2）要求承包人在风景名胜区、文物保护区等区域及其周围严格按相关部门规定进行文明施工。

（3）检查在风景名胜区、文物保护区及其外围保护地带内施工活动场所的防护设施、公告牌、警戒线、警示标示设置状况。

（4）监督承包人不得向风景名胜区、文物保护区等区域倾倒固体废弃物，排放污水和废气。

（5）监督落实项目可行性研究报告和初步设计文件关于文物保护的措施，满足环境评价文件和批复的要求，特别是施工期间新发现的地下文物，应按照文物保护法规的规定要求承包人及时报告并采取保护措施。

9. 环境保护设施建设控制

环境保护设施是指防治环境污染和生态破坏以及开展环境监测所需的装置、设备和工程设施等。建设项目需要配套建设的环境保护设施，必须与主体工程同时设计、同时施工、同时投产使用。

（1）监督检查项目施工期环境污染治理设施、环境风险防范设施建设情况，检查废水、废气、噪声、固体废弃物等处置设施是否按照要求建设。如废水处理设施类别、规模、工艺及主要技术参数，排放口数量及位置；废气处理设施类别、处理能力、工艺及主要技术参数，排气筒数量、位置及高度；主要噪声源的防噪降噪设施；辐射防护设施类别及防护能力；固体废物的储运场所及处置设施等。

（2）编制环境影响报告书、环境影响报告表的建设项目，其配套建设的环境保护设施经验收合格，方可投入生产或者使用；未经验收或者验收不合格的，不得投入生产或者使用。

（3）检查生态保护设施建设和运行情况，包括：过鱼设施和增殖放流设施、下泄生态流量通道、水土保持设施等；检查水环境保护设施建设和运行情况，包括：工程区废、污水收集处理设施、移民安置区污水处理设施等；检查其他环保设施运行情况，包括：烟气除尘设施、降噪设施、垃圾收集处理设施及环境风险应急设施等。

思 考 题

3-1 简述土方明挖、石方明挖、土石方填筑质量控制点。

3-2 简述土石方填筑工程碾压试验质量控制的主要工艺参数。

3-3 简述普通混凝土、碾压混凝土、沥青混凝土、混凝土预制构件质量控制要点。

3-4 简述钻孔、帷幕灌浆和固结灌浆质量控制要点。

3-5 简述灌浆工序质量控制要点。

3-6 简述压力钢管、闸门和启闭机安装质量控制重点。

3-7 简述水轮发电机组及其附属设备安装质量控制要点。

第四章　水利工程质量检验与验收

第一节　抽样检验方案

一、质量检验的基本概念

(一) 基本术语

1. 检验

检验是为确定产品或服务的各特性是否合格，测定、检查、试验或度量产品或服务的一种或多种特性，并且与规定要求进行比较的活动。

2. 计量检验

计量检验是通过测量单位产品的质量特性值进行的检验，如混凝土抗压强度、土方回填的压实度等。

3. 计数检验

计数检验是关于规定的一个或一组要求，或者仅将单位产品划分为合格或不合格，或者仅计算单位产品中不合格数的检验。

4. 抽样检验

抽样检验是从所考虑的产品集合中抽取一些单位产品进行检验。

5. 验收抽样检验

验收抽样检验是用抽样检验决定能否接收的验收检验。

6. 抽样方案

抽样方案是所使用样本量和有关接收准则的组合，如一次抽样方案是样本量、接收数和拒收数的组合。

(二) 抽样检验方案原则

质量检验按检验数量通常分为全数检验、抽样检验和免检。全数检验是对每一件产品都进行检验，以判断其是否合格。全数检验常用在非破坏性检验，批量小、检查费用少或稍有一点缺陷就会带来巨大损失的场合等。但对很多产品来讲，全数检验是不可能往往也是不必要的，在很多情况下常常采用抽样检验。

抽样检验是按数理统计的方法，利用从批或过程中随机抽取的样本，对批或过程的质量进行检验，如图 4-1 所示。

(三) 抽样检验的分类

抽样检验按照不同的方式进行分类，可以分成不同的类型：

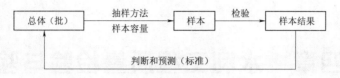

图 4-1 抽样检验原理

1. **按统计抽样检验的目的分类**

（1）预防性抽样检验。这种检验主要是为了预测、控制工序（过程）质量而进行的检验。它是在生产过程中，通过对产品进行检验，来判断生产过程是否稳定和正常。

（2）验收性抽样检验。这种检验是从一批产品中随机抽取部分产品（称为样本），检验后根据样本质量的好坏，来判断这批产品的好坏，从而决定接收还是拒收。

（3）监督抽样检验。第三方、政府主管部门、行业主管部门如质量技术监督局的检验，主要是为了监督各生产部门。

2. **按单位产品的质量特征分类**

（1）计数抽样检验：所谓计数抽样检验，是指在判定一批产品是否合格时，只用到样本中不合格数目或缺陷数，而不管样本中各单位产品特征的测定值如何的检验判断方法。

1）计件：用来表达某些属性的件数，如不合格品数。

2）计点：一般适用于产品外观的检验，如混凝土的蜂窝、麻面数。

（2）计量抽样检验：所谓计量抽样检验，是指定量地检验从批中随机抽取的样本，利用样品中各单位产品的特征值来判定这批产品是否合格的检验判断方法。

计数抽样检验与计量抽样检验的根本区别在于，前者是以样本中所含不合格品（或缺陷）个数为依据；后者是以样本中各单位产品的特征值为依据。

3. **按抽取样本的次数分类**

（1）一次抽样检验。仅需从批中抽取一个大小为 n 的样本，便可判断该批接收与否。

（2）二次抽样检验。抽样可能要进行两次，对第一个样本检验后，可能有三种结果：接收，拒收和继续抽样。若得出"继续抽样"的结论，抽取第二个样本进行检验，最终做出接收还是拒收的判断。

在采用二次抽样检验时，需事先规定两组判定数，即第一次抽样检验时的合格判定数 c_1 和不合格判定数 r_1，以及第二次检验时的合格判定数 c_2，然后从批 N 中先抽取一个较小样本 n_1，并对 n_1 进行检验，确定 n_1 中的不合格品数 d_1，若 $d_1 \leqslant c_1$，则判定为批合格；若 $d_1 \geqslant r_1$，则判定为批不合格；若 $c_1 < d_1 < r_1$，则需抽取第二个样本 n_2，并对 n_2 进行检验，检验得到样组中的不合格品数 d_2，若 $d_1 + d_2 > c_2$，则判定批为不合格；若 $d_1 + d_2 \leqslant c_2$，则判定批为合格，其检验程序如图 4-2 所示。

（3）多次抽样检验。可能需要抽取两个以上具有同等大小的样本，才能对批做出接收与否的判定。是否需要第 i 次抽样要根据前次（$i-1$ 次）抽样结果而定。多次抽样操作复杂，需做专门训练。ISO 2859 规定的多次抽样多达 7 次，《计数抽样检验程序 第 1 部分：按接收质量限（AQL）检索的逐批检验抽样计划》（GB/T 2828.1—2012）规定的为 5 次。因此，通常采用一次或二次抽样方案。

（4）序贯抽样检验。事先不规定抽样次数，每次只抽一个单位产品，即样本量为1，根据累积不合格品数判定批合格或不合格，还是继续抽样时适用。针对价格昂贵、件数少的产品可使用。

4．按抽样方案的制定原理分类

（1）标准型抽样方案。为保护生产方利益，同时保护使用方利益，预先限制生产方风险 α 的大小而制定的抽样方案。

（2）挑选型抽样方案。所谓挑选型抽样方案是指，对经检验判为合格品的批，只要替换样本中的不合格品；而对于经检验判为拒收的批，必须全检，并将所有不合格品全部替换成合格品。即事先规定一个合格判定数 c，然后对样

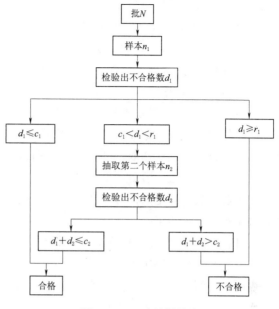

图 4-2 二次抽样检验

本按正常抽样检验方案进行检验，通过检验，若样本中的不合格品数为 d，则当 $d \leqslant c$ 时，该批为合格；若 $d > c$，则对该批进行全数检验。这种抽样检验适用于不能选择供应厂家的产品（如工程材料、半成品等）检验及工序非破坏性检验。

（3）调整型抽样方案：该类方案由一组方案（正常方案、加严方案和放宽方案）和一套转移规则组成，根据过去的检验资料及时调整方案的宽严程度。该类方案适用于连续批产品。

例如：$1\sqrt{}$，$2\sqrt{}$，$3\times$，$4\sqrt{}$，$5\times$，$6\sqrt{}$，$7\times$，$8\times$，$9\sqrt{}$，$10\times$，$11\times$，$12\sqrt{}$，$13\times$，<u>加严检验</u>

暂停检验 $14\sqrt{}$，$15\times$，$16\sqrt{}$，$17\sqrt{}$，$18\sqrt{}$，$19\sqrt{}$，$20\sqrt{}$，$21\sqrt{}$正常
<u>正常检验</u>　　　　　　　<u>加严检验</u>

"$\sqrt{}$"代表合格的批，"$\times$"代表不合格的批。

（四）抽样方法

在进行抽取样本时，样本必须代表批，为了取样可靠，以随机抽样为原则，随机抽样不等于随便抽样，它是保证在抽取样本过程中，排除一切主观意向，使批中的每个单位产品都有同等被抽取机会的一种抽样方法。也就是说取样要能反映群体的各处情况；群体中的个体，取样的机会要均等。按以下方法执行，能大致符合随机抽样的精神。

1．简单的随机抽样

简单的随机抽样就是按照规定的样本量 n 从批中抽取样本时，使批中含有 n 个单位产品的所有可能的组合，产品有同等被抽取机会的一种抽样方法。主要方法有随机数表法、随机骰子法等。

（1）随机数表法。利用随机数表抽样的方法如下：

1）将要抽取样本的一批（N）工程产品从1到 N 顺序编号。

2）确定随机数表的页码（表的编号）。掷六面体的骰子，骰子给出的数字即为采用的

随机数表的编号［即选用第几张（页）随机数表］。

3）确定起始点数字的行数和列数。在表中任意指一处，所得的两位数即为行数（所得的两位数如为 50 以内的数，就直接取为行数。如大于 50，则用该数减去 50 后作为行数）。再用同样的方法确定列数（所得的两位数如为 25 以内的数，就直接取为列数；如大于 25，则用该数减去 25 以后作为列数）。

4）从所确定的该页随机数表上按上述行、列所列出的数字作为所选取的第一个样本的号码，依次从左到右选取 n 个小于批量 N 的数字，作为所选取的样本编号，一行结束后，从下一行开始继续选取。如所得数字超过批量 N，则应舍弃。

（2）随机骰子法。骰子法是将要抽取样本的一批（N）工程产品从 1 到 N 顺序编号，然后用掷骰子法来确定取样号。所用骰子有正六面体和正二十面体两种。在一般工程施工中，采用正六面体骰子。

（采用正六面体骰子）抽样时，先根据批的数量将批分为六大组，每个大组再分为六个小组，分组的级数决定子批的数量，每个小组中个体的数量不超过 6 个。分组后再对各组级中的每个组和每个小组中的个体都编上从 1～6 的号码，然后通过掷骰子来决定抽取哪一个个体作为样本。第一次掷得的号码确定六个大组中从哪一个大组抽取样本，第二次掷得的号码确定从该大组六个小组中从哪个小组抽取样本，第三次掷得的号码确定从该小组中抽取哪个个体作为样本。

2．分层随机抽样

当批是由不同因素的个体组成时，为了使所抽取的样本更具有代表性，即样本中包含有各种因素的个体，则可采用分层抽样法。

分层抽样是将总体（批）分成若干层次，尽量使层内均匀，层与层之间不均匀，然后在这些层中选取样本。通常可按下列因素进行分层：

（1）操作人员：按现场、班次、操作人员的经验分。

（2）机械设备：按使用的机械设备分。

（3）材料：按材料的品种、材料进货的批次分。

（4）加工方法：按加工方法、安装方法分。

（5）时间：按生产时间（上午、下午、夜间）分。

（6）按气象情况分。

分层抽样多用于工程施工的工序质量检验中，以及散装材料（如砂、石、水泥等）的验收检验中。

3．两级随机抽样

当许多产品装在箱中，且许多货箱又堆积在一起构成批量时，可以首先作为第一级对若干箱进行随机抽样，然后把挑选出的箱作为第二级，再分别从箱中对产品进行随机抽样。

4．系统随机抽样

当对总体实行随机抽样有困难时，如连续作业时取样、产品为连续体时取样，可采用一定间隔进行抽取的抽样方法，这种方法称为系统随机抽样。例如：现要求测定路基的下沉值，由于路基是连续体，可采取每米或每几米测定一点（或二点）的办法，作抽样测定。系统抽样还适合流水生产线上的取样，但应注意，当产品质量特性发生变化时会产生较大偏差。抽取样本的个数依抽检方案而定。

（五）抽样检验中的两类风险

由于抽样检验的随机性，就像进行测量总会存在误差一样，在进行抽样检验中，也会存在下列两种错误判断（风险）。

1. 第一类风险

即本来是合格的交验批，有可能被错判为不合格批，这对生产方是不利的，这类风险也可称为承包商风险或第一类错误判断。其风险大小用 α 表示。

2. 第二类风险

即本来不合格的交验批，有可能被错判为合格批，将对使用方产生不利。第二类风险又称用户风险或第二类错误判断。其风险大小用 β 表示。

二、计数型抽样检验

（一）计数型抽样检验中的几个基本概念

1. 一次抽样方案

一次抽样方案：抽样方案是一组特定的规则，用于对批进行检验、判定。它包括样本量 n 和判定数 c。如图 4 - 3 所示。

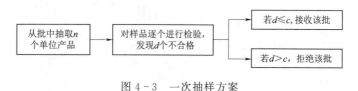

图 4 - 3　一次抽样方案

2. 接收概率

接收概率，是根据规定的抽样检验方案将检验批判为合格而接收的概率。一个既定方案的接收概率是产品质量水平，即批不合格品率 p 的函数，用 $L(p)$ 表示。

检验批的不合格品率 p 越小，接收概率 $L(p)$ 就越大。对方案 $(n，c)$，若实际检验中，样本的不合格品数为 d，其接收概率的计算公式是：

$$L(p)=P(d \leqslant c)$$

式中　$P(d \leqslant c)$——样本中不合格品数为 $d \leqslant c$ 时的概率。

其中批不合格品率 p 是指批中不合格品数占整个批量的百分比。即：

$$p=\frac{D}{N} \times 100\%$$

式中　D——不合格品数；

　　　N——批量数。

批不合格百分率是衡量一批产品质量水平的重要指标。

3. 接收上界 p_0 和拒收下界 p_1

（1）接收上界 p_0：在抽样检查中，认为可以接收的连续提交检查批的过程平均上限值，称为合格质量水平。设交验批的不合格率为 p，当 $p \leqslant p_0$ 时，交验批为合格批，可接收。

（2）拒收下界 p_1：在抽样检查中，认为不可接受的批质量下限值，称为不合格质量水平。设交验批的不合格率为 p，当 $p \geqslant p_1$ 时，交验批为不合格批，应拒收。

4. OC 曲线

（1）OC 曲线的概念。对于既定的抽样方案，对于这批产品的接收概率 $L(p)$ 是批不合格率 p 的函数，如图 4-4 所示。每个抽样方案都有特定的 OC 曲线，OC 曲线 $L(p)$ 是随批质量 P 变化的曲线。形象地表示一个抽样方案对一个产品批质量的判别能力。

其特点包括以下几点：

1）$0 \leqslant P \leqslant 1$，$0 \leqslant L(p) \leqslant 1$。

2）曲线总是单调下降。

3）抽样方案越严格，曲线越往下移。固定 c、n 越大时，方案越严格；固定 n、c 越小时，方案越严格。

所以，当 N 增加，n、c 不变时，OC 曲线会趋向平缓，使用方风险增加。而当 N 不变，n 增加或 c 减少时，OC 曲线会急剧下降，生产方风险增加。

图 4-5、图 4-6、图 4-7 分别反映了 N、n、c 对 OC 曲线的影响。

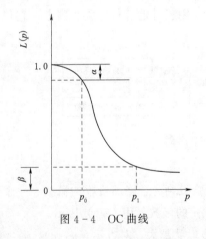

图 4-4 OC 曲线

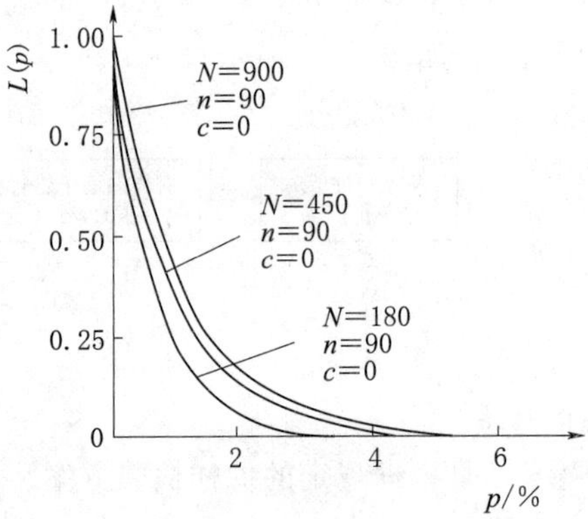

图 4-5 N 对 OC 曲线的影响

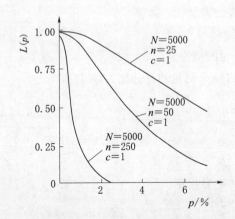

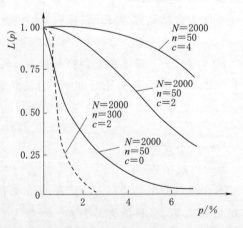

图 4-6 n 对 OC 曲线的影响

图 4-7 c 对 OC 曲线的影响

因此，人们在实践中可以采取以下措施：在稳定的生产状态下，可以增大产品的批量，以相对降低检验费用，而抽样检验的风险则几乎不变。

（2）OC 曲线的用途。

1）曲线是选择和评价抽样方案的重要工具。由于 OC 曲线能形象地反映出抽样方案的特征，在选择抽样方案过程中，可以通过多个方案 OC 曲线的分析对比，择优使用。

2）估计抽样检验的预期效果。通过 OC 曲线上的点可以估计连续提交批的平均不合格率和它的接收概率。

（二）计数型抽样检验方案的设计思想

一个合理的抽样方案，不可能要求它保证所接收的产品 100％ 是合格品，但要求它对于合格率达到规定标准的批以高概率接收；而对于合格率比规定标准差的批以高概率拒收。

计数型抽样检验方案设计是基于这样的思想，为了同时保障生产方和顾客利益，预先限制两类风险 α 和 β 前提下制定的，所以制定抽样方案时要同时满足：

1）$p \leqslant p_0$ 时，$L(p) \geqslant 1-\alpha$，也就是当样本抽样合格时，接收概率应该保证大于 $1-\alpha$。

2）$p \geqslant p_1$ 时，$L(p) \leqslant \beta$，即当样本抽样不合格时，接收概率应该保证小于 β。

1. 确定 α 和 β 值

一个好的抽样方案，就是要同时兼顾生产者和用户的利益，严格控制两类错误判断概率。但是 α、β 不能规定过小，否则会造成样本容量 n 过大，以致无法操作。就一般工业产品而言，α 取 0.05 及 β 取 0.10 最为常见；在工程产品抽检中，α、β 规定多少才合适，目前尚无统一取值标准。但有一点可以肯定，工程产品抽检中，α、β 取值远比工业产品的取值要大，原因是工业产品的样本容量可以大些，而工程产品的样本容量要小些。

2. 确定 p_0 和 p_1

（1）确定 p_0。p_0 的水平受多种因素影响，如产品的检查费用、缺陷类别、对产品的质量要求等。一般通过生产者和用户协商，并辅以必要的计算来确定。它的确定分两种情况：

1）根据过去的资料，可以把 p_0 选在过去平均不合格率附近。

2）在缺乏过去资料的情况下，可结合工序能力调查来选择 p_0，$p_0 = p_U + p_L$。其中 p_U 是超上限不合格率，p_L 是超下限不合格率。

（2）确定 p_1。抽样检验方案中，p_1 的选取应与 p_0 拉开一定的距离，p_1/p_0 过小（如不大于 3），往往会增加 n（抽样量），造成检验成本增加；p_1/p_0 过大，会导致放松对质量的要求，对使用方不利，对生产方也有压力。一般情况下，p_1/p_0 取在 4～10 之间。

3. 求 n 和 c 的值

根据 α 和 β、p_0 和 p_1 的值，可以通过查表、计算得出 n，c 的值。

至此，抽样方案即已确定。

三、计量型抽样检验方案

计量抽样检查适用于有较高要求的质量特征值，而它可用连续尺度度量，并服从于正态分布，或经数据处理后服从正态分布。

（一）计量型抽样检验中的几个基本概念

1. 规格限

规定限是指用以判断单位产品某计量质量特征是否合格的界限值。

规定的合格计量质量特征最大值为上规格限（U）；规定的合格计量质量特征最小值是下规格限（L）。

仅对上或下规格限规定了可接受质量水平的规格限称为单侧规格限；同时对上或下规格限规定了可接受质量水平的规格限是双侧规格限。

2. 上质量统计量、下质量统计量

上规格限、样本均值和样本标准差的函数是上质量统计量，符号为 Q_U。

$$Q_U = \frac{U - \overline{X}}{S} \tag{4-1}$$

式中　$\overline{X}$——样本均值；

　　　S——样本标准差。

下规格限，样本均值和样本标准差的函数是下质量统计量，符号为 Q_L。

$$Q_L = \frac{\overline{X} - L}{S} \tag{4-2}$$

3. 接收常数（k）

由可接收质量水平和样本大小所确定的用于判断批接受与否的常数。它给出了可接收批的上质量统计量和（或）下质量统计量的最小值，符号分别为 k_U 和 k_L。

（二）计量型抽样检验方案的设计思想

计量抽样检验，对单位产品的质量特征，必须用某种与之对应的连续量（如时间、重量、长度等）实际测量，然后根据统计计算结果（如均值、标准差或其他统计量等）是否符合规定的接收判定值或接收准则，对批进行判定。

抽取大小为 n 的样本，测量其中每个单位产品的计量质量特性值 X，然后计算样本均值 $\overline{X}$ 和样本标准差 S。

（1）根据均值是否符合接收判定值，对批进行判定，如图 4-8 所示。

（2）根据上、下质量统计是否符合接收判定值，对批进行判定。

对于单侧上规格限，计算上质量统计量。

$$Q_U = \frac{U - \overline{X}}{S} \tag{4-3}$$

若 $Q_U \geqslant k$，则接收该批；若 $Q_U < k$，则拒收该批。

对于单侧下规格限，计算下质量统计量。

$$Q_L = \frac{\overline{X} - L}{S} \tag{4-4}$$

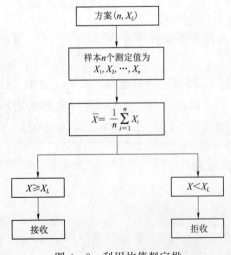

图 4-8　利用均值判定批

若 $Q_L \geqslant k$，则接收该批；若 $Q_L < k$，则拒收该批。

对于分立双侧规格限，同时计算上、下质量规格限。

若 $Q_L \geqslant k_L$，且 $Q_U \geqslant k_U$，则接收该批；若 $Q_L < k_L$ 或 $Q_U < k_U$，则拒收该批。

第二节 工程质量检测

一、质量检测相关规定

根据《水利工程质量检测管理规定》（水利部令第 36 号），水利工程质量检测（以下简称质量检测），是指水利工程质量检测单位（以下简称检测单位）依据国家有关法律、法规和标准，对水利工程实体以及用于水利工程的原材料、中间产品、金属结构和机电设备等进行的检查、测量、试验或者度量，并将结果与有关标准、要求进行比较以确定工程质量是否合格所进行的活动。《水利工程质量检测技术规程》（SL 734—2016）对水利工程质量检测程序、方法进行了具体的规定。

（一）水利工程施工质量检测相关规定

（1）施工单位、监理单位在实施过程中应按相关规定对工程质量实施检测。

（2）项目法人在工程施工开始，应委托具有相应资质的检测单位对工程质量进行全过程检测。项目法人可组织质量检测、监理等单位，依据相关规定编制检测方案，报质量监督机构备案。

（3）质量监督机构、竣工验收主持单位等应根据相关规定和需要，对工程质量进行抽检。在抽检工作实施前，应视检测任务要求，结合工程实际，编制检测方案。

（4）在对工程实体进行质量检测时，应优先选用无损检测方法，避免对工程实体造成破坏。必要且具备条件时应对原材料、中间产品、构（部）件进行质量检测。

（5）全部检测单元质量评价为合格的，则该工程综合质量可评价为合格。

（6）工程质量检测中出现不合格项目时，检测单位确认后应及时通知委托方。委托方应进一步组织有关单位确认，并按照有关规定处理。

（7）检测单位出具的数据应真实可靠，严禁伪造或随意舍弃、涂改检测数据；对可疑数据，应检查分析原因，并做出书面记录；当检测有不合格结果时，应建立检测不合格项台账登记备查；检测原始记录、分析计算等成果资料应完整齐全，按档案管理规定永久保存。

（8）质量检测试样的取样应当严格执行国家和行业标准以及有关规定。提供质量检测试样的单位和个人，应当对试样的真实性负责。

（二）项目法人全过程质量检测的基本要求

项目法人对工程质量的全过程检测是对施工单位（包括供货单位及安装单位）质量的复核性检验。

（1）全过程检测对象可分为原材料、中间产品、构（部）件及工程实体（含金属结构、机电设备和水工建筑物尺寸）质量检测两个部分。

（2）项目法人应与受委托的检测单位签订工程质量检测合同。检测合同应包括合同双方的责任、义务及工程检测范围、内容、费用等。

（3）检测方案由项目法人提出编写原则及要求，受委托的检测单位负责编写，最后由项目法人认定，报质量监督机构备案。

（4）检测方案应根据工程的实际情况编写，内容主要包括原材料、中间产品、构（部）件质量检测频次和数量，工程实体需明确检测的工程项目以及工程项目中的检测项目、检测单元的划分、采用的检测方法；测区、测点和测线的布置；质量评价的依据等。

（5）原材料、中间产品、构（部）件质量检测数量宜按照下列原则确定：

1）原材料检测数量为施工单位检测数量的 $1/10 \sim 1/5$。

2）中间产品、构（部）件的检测数量为施工单位检测数量 $1/20 \sim 1/10$。

（6）工程实体质量应按照项目法人认定的检测方案中的检测项目、方法、数量进行检测。

（7）实施过程中可根据工程变化情况和需要对原检测方案进行修改。

（三）水利工程竣工验收质量抽检基本要求

（1）竣工验收质量抽检应遵循的原则是：根据工程竣工验收范围，依据国家和行业有关法规、技术标准规定和设计文件要求，结合工程现场实际情况实施抽检工作。

（2）承担竣工验收质量抽检的检测单位由竣工验收主持单位择定。检测单位应根据竣工验收主持单位、工程设计内容与实际完成情况等要求，确定抽检工程项目，依据相关规定，划分检测单元。明确检测方法和数量、检测与评价依据，编写检测方案，与项目法人签订竣工验收质量抽检合同，依法实施检测工作，检测方案由项目法人报质量监督机构和竣工验收主持单位核备。

（3）竣工验收质量抽检的范围，应为竣工验收所包含的全部永久工程中各主要建筑物及其主要结构构件和设施设备，抽检对象应具有同类结构构件及设施设备的代表性。

（4）竣工验收质量抽检的数量，应不少于验收工程同类结构体和设备检测单元数量的 $1/3$，最低不少于 1 个；水工建筑物尺寸抽检的数量宜为施工单位检测数量的 $1/20 \sim 1/10$，但主要建筑物应全数检测。

当同一类检测单元数量大于 10 个时，抽检比例可为 $1/4$；当同一类检测单元数量大于 20 个时，抽检比例可为 $1/5$。对于堤防工程竣工验收工程质量抽样检测，宜不超过 2km 抽检 1 检测单元，每段堤防至少抽检 1 个检测单元，对于填筑材料发生变化的堤段应重新布设检测单元。宜对抽检的检测单元内的检测项目全部进行检测。

（5）水利工程竣工验收质量抽检的部位，除正常布置以外，应依据工程建设过程有关文件资料，在工程的重要部位；建设过程中发生过质量问题的部位；在各类检查、稽察中提出过问题的部位；质量监督单位认为应重点检查的部位；完工后发现质量缺陷的部位等单独增加布置检测单元。

（6）当初步检测发现存在质量缺陷或质量问题时，应及时沟通项目法人和竣工验收主持单位，对可即时实施返修或整改的，返修或整改后再进行复检，对抽检发现的不能即时实施返修或整改的质量缺陷或质量问题应报告竣工验收主持单位负责提出解决意见和措施。

（7）竣工验收质量抽检宜采用无损检测方法，减少或避免对工程及其建筑物重要部位或受力结构造成不可恢复的损坏。

二、质量检测专业分类及资质要求

根据《水利部关于发布水利工程质量检测单位资质等级标准的公告》（水利部公告〔2018〕3号），不同类型专业及等级所能检测的指标也不同。

（一）质量检测专业分类

检测单位资质分为岩土工程、混凝土工程、金属结构、机械电气和量测共5个类别，每个类别分为甲级、乙级2个等级。

取得甲级资质的检测单位可以承担各等级水利工程的质量检测业务。大型水利工程（含1级堤防）主要建筑物以及水利工程质量与安全事故鉴定的质量检测业务，必须由具有甲级资质的检测单位承担。取得乙级资质的检测单位可以承担除大型水利工程（含1级堤防）主要建筑物以外的其他各等级水利工程的质量检测业务。

（二）质量检测资质要求

不同等级质量检测单位对不同质量检测专业的质量检测能力要求不同。具体见表4-1。

表4-1　　　　　　　　　　　不同资质等级主要检测项目表

类别		主要检测项目及参数
岩土工程类	甲级	（一）土工指标检测15项 含水率、比重、密度、颗粒级配、相对密度、最大干密度、最优含水率、三轴压缩强度、直剪强度、渗透系数、渗透临界坡降、压缩系数、有机质含量、液限、塑限。 （二）岩石（体）指标检测8项 块体密度、含水率、单轴抗压强度、抗剪强度、弹性模量、岩块声波速度、岩体声波速度、变形模量。 （三）基础处理工程检测12项 原位密度、标准贯入击数、地基承载力、单桩承载力、桩身完整性、防渗墙墙身完整性、锚索锚固力、锚杆拉拔力、锚杆杆体入孔长度、锚杆注浆饱满度、透水率（压水）、渗透系数（注水）。 （四）土工合成材料检测11项 单位面积质量、厚度、拉伸强度、撕裂强力、圆柱顶破强力、落锥穿透孔径、伸长率、等效孔径、垂直渗透系数、耐静水压力、老化特性
	乙级	（一）土工指标检测12项 含水率、比重、密度、颗粒级配、相对密度、最大干密度、最优含水率、渗透系数、渗透临界坡降、直剪强度、液限、塑限。 （二）岩石（体）指标检测5项 块体密度、含水率、单轴抗压强度、弹性模量、变形模量。 （三）基础处理工程检测4项 原位密度、标准贯入击数、地基承载力、单桩承载力。 （四）土工合成材料检测6项 单位面积质量、厚度、拉伸强度、撕裂强力、圆柱顶破强力、伸长率

续表

类别		主要检测项目及参数
混凝土工程类	甲级	（一）水泥10项 细度、标准稠度用水量、凝结时间、安定性、胶砂流动度、胶砂强度、比表面积、烧失量、碱含量、三氧化硫含量。 （二）粉煤灰7项 强度活性指数、需水量比、细度、安定性、烧失量、三氧化硫含量、含水量。 （三）混凝土骨料14项 细度模数、（砂、石）饱和面干吸水率、含泥量、堆积密度、表观密度、针片状颗粒含量、软弱颗粒含量、坚固性、压碎指标、碱活性、硫酸盐及硫化物含量、有机质含量、云母含量、超逊径颗粒含量。 （四）混凝土和混凝土结构18项 拌合物坍落度、拌合物泌水率、拌合物均匀性、拌合物含气量、拌合物表观密度、拌合物凝结时间、拌合物水胶比、抗压强度、轴向抗拉强度、抗折强度、弹性模量、抗渗等级、抗冻等级、钢筋间距、混凝土保护层厚度、碳化深度、回弹强度、内部缺陷。 （五）钢筋5项 抗拉强度、屈服强度、断后伸长率、接头抗拉强度、反复弯曲。 （六）砂浆5项 稠度、泌水率、表观密度、抗压强度、抗渗。 （七）外加剂12项 减水率、固体含量（含固量）、含水率、含气量、pH值、细度、氯离子含量、总碱量、收缩率比、泌水率比、抗压强度比、凝结时间差。 （八）沥青4项 密度、针入度、延度、软化点。 （九）止水带材料检测4项 拉伸强度、拉断伸长率、撕裂强度、压缩永久变形
	乙级	（一）水泥6项 细度、标准稠度用水量、凝结时间、安定性、胶砂流动度、胶砂强度。 （二）混凝土骨料9项 细度模数、（砂、石）饱和面干吸水率、含泥量、堆积密度、表观密度、针片状颗粒含量、坚固性、压碎指标、软弱颗粒含量。 （三）混凝土和混凝土结构9项 拌合物坍落度、拌合物泌水率、拌合物均匀性、拌合物含气量、拌合物表观密度、拌合物凝结时间、拌合物水胶比、抗压强度、抗折强度。 （四）钢筋5项 抗拉强度、屈服强度、断后伸长率、接头抗拉强度、反复弯曲。 （五）砂浆4项 稠度、泌水率、表观密度、抗压强度。 （六）外加剂7项 减水率、固体含量（含固量）、含气量、pH值、细度、抗压强度比、凝结时间差
金属结构类	甲级	（一）铸锻、焊接、材料质量与防腐涂层质量检测16项 铸锻件表面缺陷、钢板表面缺陷、铸锻件内部缺陷、钢板内部缺陷、焊缝表面缺陷、焊缝内部缺陷、抗拉强度、伸长率、硬度、弯曲、表面清洁度、涂料涂层厚度、涂料涂层附着力、金属涂层厚度、金属涂层结合强度、腐蚀深度与面积。 （二）制造安装与在役质量检测8项 几何尺寸、表面缺陷、温度、变形量、振动频率、振幅、橡胶硬度、水压试验。 （三）启闭机与清污机检测14项 电压、电流、电阻、启门力、闭门力、钢丝绳缺陷、硬度、上拱度、上翘度、挠度、行程、压力、表面粗糙度、负荷试验

类别		主要检测项目及参数
金属结构类	乙级	（一）铸锻、焊接、材料质量与防腐涂层质量检测 7 项 铸锻件表面缺陷、钢板表面缺陷、焊缝表面缺陷、焊缝内部缺陷、表面清洁度、涂料涂层厚度、涂料涂层附着力。 （二）制造安装与在役质量检测 4 项 几何尺寸、表面缺陷、温度、水压试验。 （三）启闭机与清污机检测 7 项 钢丝绳缺陷、硬度、主梁上拱度、上翘度、挠度、行程、压力
机械电气类	甲级	（一）水力机械 21 项 流量、流速、水头（扬程）、水位、压力、压差、真空度、压力脉动、空蚀及磨损、温度、效率、转速、振动位移、振动速度、振动加速度、噪声、形位公差、粗糙度、硬度、振动频率、材料力学性能（抗拉强度、弯曲及延伸率）。 （二）电气设备 16 项 频率、电流、电压、电阻、绝缘电阻、交流耐压、直流耐压、励磁特性、变比及组别测量、相位检查、合分闸同期性、密封性试验、绝缘油介电强度、介质损耗因数、电气间隙和爬电距离、开关操作机构机械性能
	乙级	（一）水力机械 10 项 流量、水头（扬程）、水位、压力、空蚀及磨损、效率、转速、噪声、粗糙度、材料力学性能（抗拉强度、弯曲及延伸率）。 （二）电气设备 8 项 频率、电流、电压、电阻、绝缘电阻、励磁特性、相位检查、开关操作机构机械性能
量测类	甲级	（一）量测类 24 项 高程、平面位置、建筑物纵横轴线、建筑物断面几何尺寸、结构构件几何尺寸、角度、坡度、平整度、水平位移、垂直位移、振动频率、加速度、速度、接缝和裂缝开合度、倾斜、渗流量、扬压力、渗透压力、孔隙水压力、温度、应力、应变、地下水位、土压力
	乙级	（一）量测类 17 项 高程、平面位置、建筑物纵横轴线、建筑物断面几何尺寸、结构构件几何尺寸、坡度、平整度、水平位移、垂直位移、接缝和裂缝开合度、渗流量、扬压力、渗透压力、孔隙水压力、应力、应变、地下水位

三、典型专业工程质量检测

（一）检测单元的划分

检测单元的划分应遵循以下原则：

（1）检测单元划分宜与结构设计（分缝、分段、分块）或功能相结合。

（2）对于梁、柱、桩或板类的结构体，可将单根梁、柱、桩或单块板划分为一个检测单元；对于体积较大、线路较长的结构体，应根据使用的检测方法分块、分段划分检测单元。

（3）对于金属结构、机电设备，以单台（套、扇）或制造段（安装段）作为一个检测单元。

（二）地基处理和支护工程质量检测

1. 地基处理

（1）检测项目。检测项目宜包括压实度、渗透系数、贯入度（贯入阻力）、荷载试验、桩身抗压强度、桩身搭接质量、竖向增强体质量。

（2）检测单元。检测单元应根据工程特点和施工情况划分，每个检测单元的面积不宜大于 $25m^2$，应包括 1 根基桩，基桩位于检测单元中心附近。

（3）测区（测线、测点）布置和数量。测区（测线、测点）布置和数量应符合下列要求：

1）压实度：应不少于 1 个测点；检测单元内包括基槽的，基槽部位应增加 1 个测点；环刀法取样点应位于每层厚度的 2/3 处。

2）渗透系数：应不少于 1 个测点。

3）贯入度（贯入阻力）：应不少于 1 个测点；检测单元内包括基槽的，基槽部位应增加 1 个测点；采用换填垫层法施工的，每分层应不少于 1 个测点；对不加填料振冲加密处理的砂土地基和水泥土搅拌桩的桩身质量，应不少于 3 个测点；碎石桩桩体检测采用重型动力触探方法的，每根碎石桩应有 1 个测点。

4）载荷试验：应不少于 1 个测点。

5）桩身抗压强度：每根桩应有 1 个测点。

6）桩身搭接质量：根据检测方法布置测点。

7）竖向增强体质量：应不少于 1 个点。

2. 基桩

（1）检测项目：宜包括桩长、桩身完整性、桩身缺陷、单桩承载力及设计或委托方要求的其他检测项目。

（2）检测单元划分：每根基桩为 1 个检测单元。

（3）测区（测线、测点）布置和数量应满足下列要求：采用高应变法、低应变法时应不少于 1 个测点；采用钻孔法时，布置 1 个检查孔；采用声波透射法时，测管不少于 3 根，测点覆盖全管，测点距不大于 20cm。

（三）土石方工程

1. 堤防、渠道

（1）检测项目。检测项目宜包括下列内容：

1）堤身（渠身）：土性分析、压实度或相对密度、渗透系数、渗透坡降、内部缺陷（隐患）。

2）堤顶（渠顶）道路：路面混凝土抗压强度、路面沥青马歇尔稳定度及流值、钢筋数量、钢筋间距、路面宽度、路面厚度、路面平整度、路肩石砌筑。

3）堤基（渠基）应按地基处理检测项目及方法检测。

4）护坡（渠坡）应按砌石和护坡、挡墙检测项目及方法检测。

5）穿堤（渠）建筑物应按水闸、涵、管、倒虹吸检测项目及方法检测。

6）防渗处理应按灌浆和防渗墙检测项目及方法检测。

（2）测区（测点、测线）布置和数量。

1）土性分析、压实度或相对密度：土性分析不少于 1 组，压实度或相对密度不少于 3 组。

2）渗透系数、渗透坡降：现场测试沿堤（渠）轴线长度每 10m 布置 1 个测区；室内测试现场取样沿堤（渠）轴线长度每 20~30m 布置 1 个测区。

3）内部缺陷（隐患）：测线和测点布置应执行《堤防隐患探测规程》（SL/T 436—2023）的规定。

4）路面混凝土抗压强度、路面沥青马歇尔稳定度及流值、钢筋数量、钢筋间距：抗压强度按断面方向间距均匀布置 1 组 3 个试样；沥青马歇尔稳定度及流值取样应执行相关的规定；钢筋数量、钢筋间距测线沿钢筋布置方向垂直设置，测线长度覆盖检测单元。

5）路面宽度、路面厚度、路面平整度：均匀布置 3 个测点。

6）路肩石砌筑：均应进行全部检测。

2. 土石坝

（1）质量检测项目。质量检测项目宜包括下列内容：

1）均质坝：坝体的土性分析（颗粒分析、液塑限）、压实度，反滤料的颗粒级配、相对密度和含泥量。

2）堆石坝：坝壳堆石料、过渡料、反滤料、垫层料的颗粒级配、相对密度、孔隙率，反滤料的含泥量，坝壳砾质土的压实度和小于 5mm 的砾石含量、渗透系数。

3）黏性土、砾质土防渗体：土性分析（颗粒分析、液塑限）、压实度、渗透性和砾石含量。

4）混凝土防渗体：抗压强度、渗透系数（抗渗性能）、裂缝。

5）沥青混凝土防渗体：抗压强度、密度、孔隙率、渗透系数、沥青马歇尔稳定度及流值。

6）土工合成材料防渗体：防渗效果、材质及力学性能、焊黏接质量、厚度。

7）各类土石坝体：内部缺陷（隐患）。

（2）检测单元划分。检测单元应根据工程特点和施工情况按下列要求划分：

1）根据坝体材料分区，并按每 10m（长）×10m（宽）×5m（深）划分为 1 个检测单元。

2）对于防渗体，按沿坝轴线方向每 10m（长）×10m（宽）×3m（深）为 1 个检测单元。

（3）测区（测线、测点）布置和数量。测区（测线、测点）布置和数量应符合下列要求：

1）采用钻探法或坑探法检测，在中心位置布置 1 个测点，取样 1 件。

2）采用核子密度法、波速法、附加质量法等检测，纵横各布置 3 条测线，以测点读数方法检测则在每条测线上等分 3 点分别采集数据。

3）采用雷达法、电测法等检测，分高程等距布置 2 条测线。

（四）混凝土工程

1. 混凝土坝

（1）检测项目。检测项目宜包括下列内容：

1）各类混凝土坝：抗压强度、抗渗性能、抗冻性能，钢筋数量、间距和保护层厚度，裂缝、连接缝止水、内部缺陷。

2）拱坝坝体：宜增加轴向抗拉强度、抗折性能、弹性模量。

3）碾压混凝土坝：宜增加表观密度、轴向拉伸、抗剪性能、透水率、层间结合质量。

4）混凝土面板坝：宜增加面板厚度、脱空。

5）过水建筑物结构体：必要时可增加抗冲耐磨性能试验。

（2）检测单元划分。检测单元应根据工程特点和施工情况按下列要求划分：

1）重力坝、拱坝和碾压混凝土坝可按坝体段结构体和过水建筑物结构体两部分分别进行划分。

a. 坝体段结构体可沿大坝轴线方向 30m 长、50m 高及相应位置断面宽度划分为 1 个检测单元；坝体高度不足 50m 时，可按实际高度划分为 1 个检测单元。

b. 坝体溢流面部位、引输水建筑物导（侧）墙等过水建筑物结构体，可按顶或侧表面不超过 200m² 划分为 1 个检测单元。

2）混凝土面板坝可沿面板拉模方向按滑模宽度每 12m 长划分为 1 个检测单元。

3）与坝体连接的厂房，其混凝土结构体的检测单元可按电站、泵站部分进行划分。

4）过水建筑物上、下游段和闸室段的墩、墙、板等结构体检测单元按照水闸部分进行划分。

（3）测区（测线、测点）布置和数量。测区（测线、测点）布置和数量应符合下列要求：

1）抗压强度：采用回弹法，应执行规范中"回弹法检测混凝土抗压强度"的规定；采用超声回弹综合法，应执行相关规定；采用钻芯法，布置的测点数不少于 1 个，取得抗压强度芯样试件不少于 1 组 3 个，可以是同一根芯样截取 3 个芯样试件，也可以同一检测单元的 3 根不同芯样分别截取，取芯深度可根据检测单元相应取芯方向的实际尺寸而定；采用射钉法，应执行规范中"射钉法检测混凝土强度"的规定。

2）抗渗性能、抗冻性能：重力坝、拱坝和碾压混凝土坝，布置的测点数不少于 1 个，芯样总长度应能满足制作各项性能试验用试件数量的需要；混凝土面板，布置的测点数不少于 12 个，均匀布置，芯样数量不少于可加工抗渗试件 1 组 6 个、抗冻试件 1 组 3 个、抗压强度试件 3 个。

3）钢筋数量、间距和保护层厚度：测线应与被检测钢筋分布方向垂直布置，各测线长度与检测单元同向等长。

4）裂缝：应对所有长度、宽度进行检测，深度宜选择不少于裂缝总数 10% 且不少于 3 条裂缝进行检测。

5）连接缝止水：应逐缝进行检测。

6）内部缺陷：测线沿纵横方向垂直布置，测线间距宜不大于 50cm，各测线的长度与检测单元同向等长。

7）轴向抗拉强度、抗折性能、弹性模量、表观密度、轴向拉伸、抗剪性能、透水率、层间结合质量：钻孔取芯测点随机布置，测点数量不少于 1 个，检测的芯样试件尺寸和数量应满足相关规范的要求。

8）混凝土面板厚度、脱空：采用雷达法、冲击回波法、超声波法或超声横波反射法检测，测线沿拉模方向距面板侧端应不大于 0.5m 布置，不少于 2 条，测线间距不宜大于 3m；根据初测结果需追溯检测时，加密测线的方向、长度、间距应依追溯需要确定；钻孔验证测点位置和数量应根据前面的检测结果确定。

9）抗冲耐磨性能检测，随机均匀布置取样测点 3 个。

2．涵、管、倒虹吸

（1）检测项目。检测项目宜包括下列内容：

1）主体结构：抗压强度、结构尺寸、钢筋数量、间距和保护层厚度，裂缝、连接缝止水、透水率、内部缺陷，必要且具备条件时可增加抗渗性能、抗冻性能。

2）PCCP、PVC、PE 等复合材质管：连接装置及连接质量，必要时可增加材质和力学性能检测。

（2）检测单元划分。检测应根据工程特点和施工情况按下列要求划分：

1）对于现浇混凝土涵、管、倒虹吸，若内径大于等于 2m 时，可将每 12m 长的顶拱、底板及左、右侧墙段分别划分为 1 个检测单元；若内径小于 2m 时，可将每 6m 长整体划分为 1 个检测单元；也可结合浇筑仓段划分，但每个检测单元长度不宜超过上述规定划分长度的 1.3 倍，若超出时可与前段合并平分为 2 个检测单元。

2）预制现场拼装的涵、管、倒虹吸，可将每预制节（段）单独为 1 个检测单元。

3）连接缝止水、连接装置，每节（段）单独为 1 个检测单元。

（3）测区（测线、测点）布置和数量。测区（测线、测点）布置和数量应符合下列要求：

1）抗压强度：采用超声回弹法时，视涵、管、倒虹吸的断面形状，均匀布置不少于 10 个测区，相邻两测区中心点距离不大于 1.2m。

2）结构尺寸：布置 3 个测点，分别检测内、外部宽、高（或径、周长）尺寸和壁厚度。

3）钢筋数量、间距和保护层厚度，混凝土裂缝长度、宽度、深度，内部缺陷，抗渗性能、抗冻性能：可按混凝土坝的有关要求布置。

4）连接缝止水、连接装置及连接质量：应根据材质和装置造型依据相应的技术标准全部检测。

5）透水率：采用水压或压（注）水，检测长度可按拼装节（股）或按设计要求确定。

6）材质及力学性能：按材料类型分批依据相关技术标准对预留样品进行检测，必要时可现场裁取样品实施检测。

第三节 工 程 质 量 评 定

工程质量评定是依据某一质量评定的标准和方法，对照施工质量的具体情况，确定质量等级的过程。为了提高水利水电工程的施工质量水平，保证工程质量符合设计和合同条款的规定，同时也是为了衡量承包人的施工质量水平，全面评价工程的施工质量，为水利水电工程评优和创优打下基础。在工程移交和正式验收前，应按照合同要求和国家有关的工程质量评定标准和规定，对工程质量进行评定，以鉴定工程质量是否达到合同要求，能否进行验收，并作为评优的依据。

一、工程质量评定的依据

（一）国家及水利水电行业有关施工规程、规范及技术标准

为了加强水利水电工程的质量管理，开展质量评定和评优工作，使有关的规程、规范和技术标准得到有效的贯彻落实，提高水利水电建设工程质量，制定了相应的评定标准。

1996 年 9 月，水利部颁发了《水利水电工程施工质量评定规程》（SL 176—1996）。2007 年，为了更进一步规范参建各方质量行为，促进施工质量检验与评定工作标准化、规范化，水利部对《水利水电工程施工质量评定规程》（SL 176—1996）进行了修订，颁布了《水利水电工程施工质量检验与评定规程》（SL 176—2007）。

1999 年，水利部针对 1998 年大水后堤防工程建设任务重的紧迫形势，专门下发了《堤防工程施工质量评定与验收规程》（SL 239—1999），进一步规范了水利水电工程施工质量评定和检验工作。

2002 年，水利部颁发了《水利水电工程施工质量评定表填表说明与示例》，它不仅涵盖了《水利水电工程施工质量评定表》的所有内容及表格，还包括《堤防工程施工质量评定与验收规程》（SL 239—1999）中的评定表格和新补充的表格内容。

2012 年，为了加强水利水电工程施工质量管理，规范单元工程验收评定工作，在1988 年标准的基础上，水利部发布了《水利水电工程单元工程施工质量验收评定标准》（SL 631～637—2012），2013 年，水利部发布了《水利水电工程单元工程施工质量验收评定标准》（SL 638～639—2013）。

（1）《水利水电工程单元工程施工质量验收评定标准　土石方工程》（SL 631—2012），以下简称《评定标准（一）》，替代 SDJ 249.1—1988、SL 38—1992，适用于大中型水利水电工程土石方工程的单元工程施工质量验收评定。小型水利水电工程可参照执行。

（2）《水利水电工程单元工程施工质量验收评定标准　混凝土工程》（SL 632—2012），以下简称《评定标准（二）》，替代 SDJ 249.1—1988、SL 38—1992，本标准适用于大中型水利水电工程混凝土工程的单元工程施工质量验收评定。小型水利水电工程可参照执行。

（3）《水利水电工程单元工程施工质量验收评定标准　地基处理与基础工程》（SL 633—2012），以下简称《评定标准（三）》，替代 SDJ 249.1—1988，适用于大中型水利水电工程地基处理与基础工程的单元工程施工质量验收评定。小型水利水电工程可参照执行。

（4）《水利水电工程单元工程施工质量验收评定标准　堤防工程》（SL 634—2012），以下简称《评定标准（四）》，替代 SL 239—1999，适用于 1 级、2 级、3 级堤防工程的单元工程施工质量验收评定，4 级、5 级堤防工程可参照执行。

（5）《水利水电工程单元工程施工质量验收评定标准　水工金属结构工程》（SL 635—

2012），以下简称《评定标准（五）》，替代 SDJ 249.2—1988，适用于大中型水利水电工程水工金属结构单元工程的安装质量验收评定。小型水利水电工程可参照执行。

（6）《水利水电工程单元工程施工质量验收评定标准 水轮发电机组安装工程》（SL636—2012），以下简称《评定标准（六）》，替代 SDJ 249.3—1988，适用于水利水电工程中符合下列条件之一的水轮发电机组安装工程的单元工程施工质量验收评定：单机容量 15MW 及以上；冲击式水轮机，转轮名义直径 1.5m 及以上；反击式水轮机中的混流式水轮机转轮名义直径 2.0m 及以上；轴流式、斜流式、贯流式水轮机转轮名义直径 3.0m 及以上。单机容量和水轮机转轮名义直径小于上述规定的机组也可参照执行。

（7）《水利水电工程单元工程施工质量验收评定标准 水利机械辅助设备系统安装工程》（SL 637—2012），以下简称《评定标准（七）》，替代 SDJ 249.4—1988，适用于符合条件的水轮发电机组的水力机械辅助设备系统安装工程的单元工程施工质量验收评定。

（8）《水利水电工程单元工程施工质量验收评定标准 发电电气设备安装工程》（SL 638—2013），以下简称《评定标准（八）》，替代 SDJ 249.5—1998，适用于大中型水电站发电电气设备安装工程中，下列电气设备安装工程的单元工程质量验收评定：额定电压为 26kV 及以下电压等级的发电电气一次设备安装工程；发电电气、升压变电电气二次设备安装工程；水电站通信系统安装工程。小型水电站同类设备安装工程的质量验收评定可参照执行。

（9）《水利水电工程单元工程施工质量验收评定标准 升压变电电气设备安装工程》（SL 639—2013），以下简称《评定标准（九）》，替代 SDJ 249.6—1998，本标准适用于大中型水电站升压变电电气设备安装工程中，下列电气设备安装工程的单元工程质量验收评定：额定电压为 35～500kV 的主变压器安装工程；额定电压为 35～500kV 的高压电气设备及装置安装工程。小型水电站同类设备安装工程的质量验收评定可参照执行。

2015 年水利部颁布了《水利水电工程单元工程施工质量验收评定表及填表说明》（上、下册）（以下简称《质评表》），它不仅涵盖了《评定标准（一）～（九）》的所有内容及表格，还逐表编写了填表要求，便于广大水利水电工程技术人员更好地理解评定标准并在实际工作中使用，进一步规范单元工程施工质量验收评定工作。

《质评表》为通用表式，在工程项目中，如有《评定标准（一）～（九）》中未涉及的单元工程，参建单位可根据设计要求和设备生产厂商的技术说明书，制定相应的施工、安装质量验收评定标准，并按照《质评表》中的统一格式（表头、表身、表尾）制定相应质量验收评定、质量检查表格，报相应的质量监督机构核备。永久性房屋、专用公路、铁路等非水利工程建设项目的施工质量验收评定按相关行业标准执行。《水利水电工程施工质量检验与评定规程》（SL 176—2007）的适用范围为大中型水利水电工程，小型水利水电工程可参照执行。

水利水电建设工程施工质量的质量检验和评定标准的法规体系已基本形成，为加强水利水电工程施工质量管理，搞好工程质量控制，提高工程质量奠定了良好的基础。

（二）其他相关技术文件和标准

（1）经批准的设计文件、施工图纸、金属结构设计图样与技术条件、设计修改通知书、设备供应单位提供的设备安装说明书及有关技术文件。

（2）工程合同文件中采用的技术标准。

（3）工程试运行期的试验及观测分析成果。

二、项目划分

一项水利水电工程的建成，由施工准备工作开始到竣工交付使用，要经过若干工序、若干工种的配合施工。而工程质量的形成不仅取决于原材料、配件、产品的质量，同时也取决于各工种、工序的作业质量。因此，为了实现对工程全方位、全过程的质量控制和检验评定，按照工程的形成过程，考虑设计布局、施工布置等因素，将水利水电工程依次划分为单位工程、分部工程和单元（工序）工程。单元（工序）工程是进行日常考核和质量评定的基本单位。水利水电工程项目划分应结合工程结构特点、施工部署及施工合同要求进行，划分结果应有利于保证施工质量以及施工质量管理，见附表1。

（一）项目划分程序

（1）由项目法人组织监理、设计及施工等单位进行工程项目划分，并确定主要单位工程、主要分部工程、重要隐蔽单元工程和关键部位单元工程。项目法人在主体工程开工前将项目划分表及说明书面报相应工程质量监督机构确认。

（2）工程质量监督机构收到项目划分书面报告后，应在14个工作日内对项目划分进行确认并将确认结果书面通知项目法人。

（3）工程实施过程中，需对单元工程、主要分部工程、重要隐蔽单元工程和关键部位单元工程的项目划分进行调整时，项目法人应重新报送工程质量监督机构确认。

（二）单位工程划分

单位工程，指具有独立发挥作用或独立施工条件的建筑物。单位工程通常可以是一项独立的工程，也可以是独立工程的一部分，一般按设计及施工部署划分，一般应遵循以下原则：

（1）枢纽工程一般以每座独立的建筑物为一个单位工程。当工程规模大时，也可将一个建筑物中具有独立施工条件的一部分划分为一个单位工程。

（2）堤防工程按招标标段或工程结构划分单位工程。规模较大的交叉联结建筑物及管理设施以每座独立的建筑物为一个单位工程，如堤身工程、堤岸防护工程等。

（3）引水（渠道）工程按招标标段或工程结构划分单位工程，大、中型引水（渠道）建筑物以每座独立的建筑物为一个单位工程。大型渠道建筑物也可以以每座独立的建筑物为一个单位工程，如进水闸、分水闸、隧洞等。

（4）除险加固工程，按招标标段或加固内容，并结合工程量划分单位工程。

（三）分部工程划分

分部工程指在一个建筑物内能组合发挥一种功能的建筑安装工程，是组成单位工程的部分。对单位工程安全、功能或效益起决定性作用的分部工程称为主要分部工程。

分部工程的划分应遵循以下原则：

（1）枢纽工程。土建部分按设计的主要组成部分划分；金属结构及启闭机安装工程和机电设备安装工程按组合功能划分。

（2）堤防工程，按长度或功能划分。

（3）引水（渠道）工程中的河（渠）道按施工部署或长度划分。大、中型建筑物按工程结构主要组成部分划分。

（4）除险加固工程，按加固内容或部位划分。

（5）同一单位工程中，同类型的各个分部工程的工程量（或投资）不宜相差太大，每个单位工程中的分部工程数目，不宜少于 5 个。

（四）单元工程划分

单元工程是在分部工程中由几个工序（或工种）施工完成的最小综合体，是日常考核工程质量的基本单位。单元工程按《水利水电工程单元工程施工质量验收评定标准》（以下简称《评定标准》）规定进行划分。

水利水电工程中的单元工程一般划分为：划分工序的单元工程、不划分工序的单元工程。如：钢筋混凝土单元工程可以分为基础面或施工缝处理、模板制作及安装、钢筋制作及安装、预埋件（止水、伸缩缝等）制作及安装、混凝土浇筑（含养护、脱模）、外观质量检查 6 个工序；岩石洞室开挖单元工程只有 1 个工序，分为光面爆破和预裂爆破效果，洞、井轴线，不良地质处理，爆破控制，洞室壁面清撬，岩石壁面局部超、欠挖及平整度检查等几个检查项目。

水利水电工程单元工程是依据设计结构、施工部署或质量考核要求，把建筑物划分为若干个层、块、段来确定单元工程。如：

（1）岩石岸坡开挖工程。按设计或施工检查验收的区、段划分，每一个区、段为一个单元工程。

（2）岩石地基开挖工程。按施工检查验收的区、段划分，每一个区、段为一个单元工程。

（3）岩石洞室开挖工程。平洞开挖工程以施工检查验收的区、段或混凝土衬砌的设计分缝确定的块划分，每一个检查验收的区、段或一个浇筑块为一个单元工程；竖井（斜井）开挖工程以施工检查验收段每 5～15m 划分为一个单元工程。

（4）土方开挖工程。按设计结构或施工检查验收区、段划分，每一区、段为一个单元工程。

（5）混凝土工程。按混凝土浇筑仓号或一次检查验收范围划分。对混凝土浇筑仓号，按每一仓号为一个单元工程；对排架、梁、板、柱等构件，按一次检查验收的范围为一个单元工程。

（6）钢筋混凝土预制构件安装工程。按每一次检查验收的根、组、批划分，或按安装的桩号、高程划分，每一根、组、批或某桩号、高程之间的预制构件安装划分为一个单元工程。

（7）混凝土坝坝体接缝灌浆工程。按设计或施工确定的灌浆区、段划分，每一灌浆区、段为一个单元工程。

（8）岩石地基水泥灌浆工程。帷幕灌浆以一个坝段（块）或相邻的 10～20 孔为一单元工程，对于 3 排以上帷幕，沿轴线相邻不超过 30 个孔划分为一个单元工程；固结灌浆按混凝土浇筑块、段划分，每一块、段的固结灌浆为一个单元工程。

（9）地基排水工程。按排水工程施工质量检查验收的区、段划分，每一区、段为一个单元工程。

（10）锚喷支护工程。按每一施工区、段划分，每一区、段为一个单元工程。

（11）振冲法地基加固工程。按一个独立基础、一个坝段或不同要求地基区、段划分为一个单元工程。按不同要求地基区、段划分时，如面积太大、单元内桩数较多，可根据实际情况划分为几个单元工程。

（12）混凝土防渗墙工程。按每一槽孔为一个单元工程。

（13）钻孔灌注桩基础工程。按柱（墩）基础划分，每一柱（墩）下的灌注桩基础为一个单元工程。

（14）河道疏浚工程。按设计或施工控制质量要求的段划分，每一疏浚河段为一个单元工程。当设计无特殊要求时，河道疏浚施工按 200～500m 疏浚段划分为一个单元工程。

（15）堤防工程。对不同的堤防工程按不同的原则划分单元工程。如：土方填筑按层、段划分。新堤填筑按 100～500m 划分为一个单元工程；老堤加培按工程量 500～2000m³ 划分为一个单元工程；吹填工程按围堰区段（仓）或堤轴线施工段长 100～500m 划分为一个单元工程；防护工程按施工段划分，每 60～80m 或每个丁坝、垛的护脚划分为一个单元工程等。

不要将单元工程与国标中的分项工程相混淆。国标中的分项工程完成后不一定形成工程实物量，或者形成未就位安装零部件及结构件，如模板分项工程、钢筋焊接、钢筋绑扎分项工程、钢结构件焊接制作分项工程等。

三、工程质量评定

质量评定时，应从低层到高层的顺序依次进行，这样可以从微观上按照施工工序和有关规定，在施工过程中把好质量关，由低层到高层逐级进行工程质量控制和质量检验。其评定的顺序是：单元工程、分部工程、单位工程、工程项目。

（一）单元工程施工质量验收评定

划分工序的单元工程应先进行工序施工质量验收评定，在工序验收评定合格和施工项目实体质量检验合格的基础上，进行单元工程施工质量验收评定。

不划分工序的单元工程的施工质量验收评定，在单元工程所包含的检验项目合格和施工项目实体质量检验合格的基础上进行。

1. 工序施工质量验收评定

工序指按施工的先后顺序将单元工程划分成的若干个具体施工过程或施工步骤。对单元工程质量影响较大的工序称为主要工序。

单元工程中的工序分为主要工序和一般工序。其划分原则及质量评定标准按《评定标准》规定执行，工序施工质量评定分为合格和优良两个等级。

主控项目是指对单元工程功能起决定性作用或对工程安全、卫生、环境保护有重大影响的检验项目。

一般项目是指除主控项目以外的检验项目。

（1）工序施工质量验收评定应具备两个条件：

1）工序中所有施工项目（或施工内容）已完成，现场具备验收条件。

2）工序中所包含的施工质量检验项目经施工单位自检全部合格。

（2）工序施工质量评定标准包括三个方面：

1）主控项目，检验结果应全部符合《评定标准》要求。

2）一般项目，逐项检验点合格率应达到一定的百分比（合格、优良要求百分比不同），且不合格点不应集中。

3）各项报验资料应符合《评定标准》要求。

2. 单元工程的工序质量验收

单元工程质量分为合格和优良两个等级。

单元工程质量等级标准是进行工程质量等级评定的基本尺度。由于工程类别不一样，单元工程质量评定标准的内容、合格率标准等也不一样。单元（工序）工程施工质量合格标准应按照《评定标准》或合同约定的合格标准执行。

（1）单元工程施工质量验收评定条件。单元工程施工质量验收评定应具备下列条件：

1）单元工程所含工序（或所有施工项目）已完成，施工现场具备验收的条件。

2）已完工序施工质量经验收评定全部合格，相关质量缺陷已处理完毕或有监理单位批准的处理意见。

（2）单元工程施工质量评定标准。单元工程施工质量评定标准分为划分工序单元工程施工质量评定标准和不划分工序单元工程施工质量评定标准。

划分工序单元工程施工质量评定标准包括两个方面：

1）各工序施工质量验收评定应全部合格（合格标准要求），或优良工序达到一定的百分比，主要工序应达到优良（优良标准要求）。

2）各项报验资料应符合《评定标准》要求。

不划分工序单元工程施工质量评定标准与工序质量评定标准所包含内容相同。

（3）达不到合格标准的单元工程处理。当达不到合格标准时，应及时处理，处理后的质量等级按下列规定重新确定。

1）全部返工重做的，可重新评定质量等级。

2）经加固补强并经设计和监理单位鉴定能达到设计要求的，其质量评为合格。

3）处理后的工程部分质量指标仍达不到设计要求时，经设计复核，项目法人及监理单位确认能满足安全和使用功能要求的，可不再进行处理；或经加固补强后，改变了外形尺寸或造成工程永久性缺陷的，经项目法人、监理及设计单位确认能基本满足设计要求的，其质量可定为合格，但应按规定进行质量缺陷备案。

（二）分部工程质量评定等级标准

（1）分部工程施工质量同时满足下列标准时，其质量评为合格。

1）所含单元工程的质量全部合格。质量事故及质量缺陷已按要求处理，并经检验合格。

2）原材料、中间产品及混凝土（砂浆）试件质量全部合格，金属结构及启闭机制造质量合格，机电产品质量合格。

（2）分部工程施工质量同时满足下列标准时，其质量评为优良。

1）所含单元工程质量全部合格，其中70％以上达到优良，重要隐蔽单元工程和关键部位单元工程质量优良率达90％以上，且未发生过质量事故。

2）中间产品质量全部合格，混凝土（砂浆）试件质量达到优良（当试件组数小于30时，试件质量合格）。原材料质量、金属结构及启闭机制造质量合格，机电产品质量合格。

重要隐蔽单元工程指主要建筑物的地基开挖、地下洞室开挖、地基防渗、加固处理和排水等重要隐蔽工程中，对工程安全或功能有严重影响的单元工程。

关键部位单元工程指对工程安全性、效益或功能有显著影响的单元工程。

中间产品指工程施工中使用的砂石骨料、石料、混凝土拌合物、砂浆拌合物、混凝土预制构件等土建类工程的成品及半成品。

（三）水利水电工程项目优良率的计算

1. 单元工程优良率

$$单元工程优良率＝\frac{单元工程优良个数}{单元工程总数}×100％$$

2. 分部工程优良率

$$分部工程优良率＝\frac{分部工程优良个数}{分部工程总数}×100％$$

3. 单位工程优良率

$$单位工程优良率＝\frac{单位工程优良个数}{单位工程总数}×100％$$

（四）单位工程质量评定标准

（1）单位工程施工质量同时满足下列标准时，其质量评为合格。

1）所含分部工程质量全部合格。

2）质量事故已按要求进行处理。

3）工程外观质量得分率达到70％以上。

4）单位工程施工质量检验与评定资料基本齐全。

5）工程施工期及试运行期，单位工程观测资料分析结果符合国家和行业技术标准以及合同约定的标准要求。

（2）单位工程施工质量同时满足下列标准时，其质量评为优良。

1）所含分部工程质量全部合格，其中70％以上达到优良等级，主要分部工程质量全部优良，且施工中未发生过较大质量事故。

2）质量事故已按要求进行处理。

3）外观质量得分率达到85％以上。

4）单位工程施工质量检验与评定资料齐全。

5）工程施工期及试运行期，单位工程观测资料分析结果符合国家和行业技术标准以及合同约定的标准要求。

主要分部工程指对单位工程安全性、使用功能或效益起决定性的作用的分部工程。

(五) 单位工程外观质量评定

外观质量是指通过检查和必要的测量所反映的工程外表质量。

水利水电工程外观质量评定办法，按工程类型分为枢纽工程、堤防工程、引水（渠道）工程和其他工程四类。

项目法人应在主体工程开工初期，组织监理、设计、施工等单位，根据工程特点（工程等级及使用情况）和相关技术标准，提出表4-2所列各项目的质量标准，报工程质量监督机构确认。

单位工程完工后，项目法人应组织监理、设计、施工及工程运行管理等单位组成工程外观质量评定组，现场进行工程外观质量检验评定，并将评定结论报工程质量监督机构核备。参加工程外观质量评定的人员应具有工程师以上技术职称或相应执业资格。评定组人数应不少于5人，大型工程不宜少于7人。

工程外观质量评定结果由项目法人报工程质量监督机构核备。

对于水工建筑物，单位工程外观质量评定项目见表4-2。

表4-2　　　　　　　　　　　水工建筑物单位工程外观质量评定表

单位工程名称				施工单位				
主要工程量				评定日期		年　月　日		
项次	项目		标准分/分	评定得分/分				备注
				一级 100%	二级 90%	三级 70%	四级 0	
1	建筑物外部尺寸		12					
2	轮廓线		10					
3	表面平整度		10					
4	立面垂直度		10					
5	大角方正		5					
6	曲面与平面联结		9					
7	扭面与平面联结		9					
8	马道及排水沟		3 (4)					
9	梯步		2 (3)					
10	栏杆		2 (3)					
11	扶梯		2					
12	闸坝灯饰		2					
13	混凝土表面缺陷情况		10					
14	表面钢筋割除		2 (4)					
15	砌体勾缝	宽度均匀、平整	4					
16		竖、横缝平直	4					

续表

项次	项　目	标准分/分	评定得分/分				备注
			一级 100%	二级 90%	三级 70%	四级 0	
17	浆砌卵石露头情况	8					
18	变形缝	3（4）					
19	启闭平台梁、柱、排架	5					
20	建筑物表面	10					
21	升压变电工程围墙（栏栅）、杆、架、塔、柱	5					
22	水工金属结构外表面	6（7）					
23	电站盘柜	7					
24	电缆线路敷设	4（5）					
25	电站油气、水、管路	3（4）					
26	厂区道路及排水沟	4					
27	厂区绿化	8					
合　计			应得＿＿＿分，实得＿＿＿分，得分率＿＿＿％				

外观质量评定组成员	单　位	单位名称	职称	签名
	项目法人			
	监　理			
	设　计			
	施　工			
	工程运行管理			

工程质量监督机构	核定意见： 核定人：　（签名）　　　　　加盖公章 　　　　　　　　　　　　　　年　月　日

注 量大时，标准分采用括号内数值。

（1）检查、检测项目经工程外观质量评定组全面检查后抽检 25％，且各项不少于 10 点。

（2）评定等级标准。测点中符合质量标准的点数占总测点数的百分率为 100％时，评为一级；合格率为 90.0％～99.9％时，评为二级；合格率为 70.0％～89.9％时，评为三级；合格率小于 70％时，评为四级。每项评定得分按下式计算：

各项评定得分＝该项标准分×该项得分百分率

（3）检查项目（表 4-2 中项次 6、7、12、17～27）由工程外观质量评定组根据现场检查结果共同讨论决定其质量等级。

（4）外观质量评定表由工程外观质量评定组根据现场检查、检测结果填写。

（5）表尾由各单位参加工程外观质量评定的人员签名（施工单位人 1 人，如该工程由分包单位施工，则由总包单位、分包单位各派 1 人参加；项目法人、监理机构、设计单位各 1～2

人；工程运行管理单位 1 人）。

（六）工程项目质量评定标准

（1）工程项目施工质量同时满足以下标准时，其质量评为合格。

1）单位工程质量全部合格。

2）工程施工期及试运行期，各单位工程观测资料分析结果均符合国家和行业技术标准以及合同约定的标准要求。

（2）工程项目施工质量同时满足下列标准时，其质量评为优良。

1）单位工程质量全部合格，其中 70%以上单位工程质量达到优良等级，且主要单位工程质量全部优良。

2）工程施工期及试运行期，各单位工程观测资料分析结果均符合国家和行业技术标准以及合同约定的标准要求。

（七）质量评定工作的组织与管理

（1）单元（工序）工程质量在施工单位自评合格后，报监理单位复核，由监理工程师核定质量等级并签证认可。

（2）重要隐蔽单元工程及关键部位单元工程质量经施工单位自评合格、监理单位抽检后，由项目法人、监理、设计、施工、工程运行管理（施工阶段已经有时）等单位组成联合小组，共同检查核定其质量等级并填写质量评定表，报工程质量监督机构核备，见附表 2-1~附表 2-6。

（3）分部工程质量，在施工单位自评合格后，由监理单位复核，项目法人认定。分部工程验收的质量结论由项目法人报工程质量监督机构核备。大型枢纽工程主要建筑物分部工程验收的质量结论由项目法人报工程质量监督机构核备，见附表 3。

（4）单位工程质量，在施工单位自评合格后，由监理单位复核，项目法人认定。单位工程验收的质量结论由项目法人报工程质量监督机构核备，见附表 4。

（5）工程项目质量，在单位工程质量评定合格后，由监理单位进行统计并评定工程项目质量等级，经项目法人认定后，报工程质量监督机构核备，见附表 5。

（6）阶段验收前，工程质量监督机构应提交工程质量评价意见。

（7）工程质量监督机构应按有关规定在工程竣工验收前提交工程质量监督报告，工程质量监督报告应有工程质量是否合格的明确结论。

四、混凝土强度的检验评定

（一）普通混凝土试块试验数据统计方法

（1）同一强度等级混凝土试块 28d 龄期抗压强度的组数 $n \geqslant 30$ 时，质量标准应符合表 4-3 的要求。

（2）同一强度等级混凝土试块 28d 龄期抗压强度的组数 $5 \leqslant n < 30$ 时，混凝土试块强度应同时满足下列要求：

$$R_n - 0.7S_n > R_标 \tag{4-5}$$
$$R_n - 1.60S_n \geqslant 0.83R_标（当 R_标 \geqslant 20）\tag{4-6}$$

表 4-3 混凝土试块 28d 龄期抗压强度质量标准

项　　目		质 量 标 准	
		优良	合格
任何一组试块抗压强度最低不得低于设计值的		90%	85%
无筋（或少筋）混凝土强度保证率		85%	80%
配筋混凝土强度保证率		95%	90%
混凝土抗压强度的离差系数	<20MPa	<0.18	<0.22
	≥20MPa	<0.14	<0.18

$$或 \qquad R_n - 1.60 S_n \geqslant 0.80 R_标（当 R_标 < 20） \tag{4-7}$$

$$S_n = \sqrt{\frac{\sum_{i=1}^{n} (R_i - R_n)^2}{n-1}} \tag{4-8}$$

式中　S_n——n 组试件强度的标准差，MPa；当统计得到的 $S_n < 2.0$（或 1.5）MPa 时，
　　　　应取 $S_n = 2.0$MPa（$R_标 \geqslant 20$MPa）；$S_n = 1.5$MPa（$R_标 < 20$MPa）；

　　R——n 组试件强度的平均值，MPa；

　　R_i——单组试件强度，MPa；

　　$R_标$——设计 28d 龄期抗压强度值，MPa；

　　n——样本容量。

混凝土抗压强度的离差系数按下式计算：

$$C_v = \frac{S_n}{R_n} \tag{4-9}$$

式中：C_v——混凝土抗压强度的离差系数；

　　　S_n——混凝土强度的标准差；

　　　R_n——统计周期内 n 组试件强度的平均值。

（3）同一强度等级混凝土试块 28d 龄期抗压强度的组数 $2 \leqslant n < 5$ 时，混凝土试块强度应同时满足下列要求：

$$\overline{R_n} \geqslant 1.15 R_标 \tag{4-10}$$

$$R_{min} \geqslant 0.95 R_标 \tag{4-11}$$

式中　$\overline{R_n}$——n 组试块强度的平均值，MPa；

　　$R_标$——设计 28d 龄期抗压强度值，MPa；

　　R_{min}——n 组试块中强度最小一组的值，MPa。

（4）同一强度等级混凝土试块 28d 龄期抗压强度的组数只有一组时，混凝土试块强度应满足下式要求：

$$R \geqslant 1.15 R_标 \tag{4-12}$$

式中　R——试块强度实测值，MPa；

　　$R_标$——设计 28d 龄期抗压强度值，MPa。

（二）砂浆、砌筑用混凝土强度检验评定标准

（1）同一强度等级试块组数 $n \geqslant 30$ 时，28d 龄期的试块抗压强度应同时满足以下标准：

1）强度保证率不小于 80%。

2）任意一组试块强度不低于设计强度的 85%。

3）设计 28d 龄期抗压强度小于 20.0MPa 时，试块抗压强度的离差系数不大于 0.22；设计 28d 龄期抗压强度大于或等于 20.0MPa 时，试块抗压强度的离差系数小于 0.18。

（2）同一强度等级试块组数 $n < 30$ 组时，28d 龄期的试块抗压强度应同时满足以下标准：

1）各组试块的平均强度不低于设计强度。

2）任意一组试块强度不低于设计强度的 80%。

（三）混凝土（砂浆）试块强度评定表

混凝土强度、砂浆强度评定，见表 4-4 和表 4-5。

表 4-4　　　　　　　　　　混凝土试块强度评定表

单位工程名称		水闸工程		分部工程名称	闸室段
施工单位		×××水电公司		施工日期	×年×月×日—×年×月×日
项次		检验项目		质量标准		统计结果	评定情况
				合格	优良		
1		抗压强度保证率/%	无筋（或少筋）混凝土	$P \geqslant 80$	$P \geqslant 85$	—	优良
2			配筋混凝土	$P \geqslant 90$	$P \geqslant 95$	100	
3		混凝土强度最低值/MPa	$\leqslant C20$	≥0.85 设计龄期强度标准值		—	优良
4	$n > 30$		$> C20$	≥0.90 设计龄期强度标准值		100	
5		抗压强度标准差/MPa（设计 30MPa）	$\leqslant C20$	$\leqslant 4.5$	$\leqslant 3.5$	—	优良
6			C20～C35	$\leqslant 5.0$	$\leqslant 4.0$	0.46	
7			$> C35$	$\leqslant 5.5$	$\leqslant 4.5$	—	
8		设计龄期抗冻性合格率/%		80	100	100	优良
9		设计龄期抗渗性		满足设计要求（W6）		检验 3 组，抗渗性均大于 0.6MPa	优良
10		设计龄期抗拉强度/MPa（30MPa）		满足设计要求		试块最低强度 33MPa；满足设计要求	优良
11		试块强度同时满足/MPa		$R_n - 0.7S_n > R_{标}$（$R_{标} = 25$）		29.5	合格
12	$5 \leqslant n < 30$			$R_n - 1.60S_n \geqslant 0.83R_{标}$（当 $R_{标} \geqslant 20$）		26.3	
13				$R_n - 1.60S_n \geqslant 0.80R_{标}$（当 $R_{标} < 20$）		—	

项　次		检验项目	质量标准		统计结果	评定情况
			合格	优良		
14	$2\leqslant n<5$	试块强度 /MPa	$R_n\geqslant1.15R_标$		—	—
			$R_{min}\geqslant0.95R_标$		—	—
15	$n=1$	试块强度/MPa	$R\geqslant1.15R_标$		—	—
施工单位自评意见		报验资料情况：齐全、准确、清晰 自评结果：优良 评定人：×××（质检员） 项目质量（技术）负责人：××× （加盖公章） ×年×月×日				
监理单位复核意见		平行检验结果及备查资料名称、编号：（混凝土试块检测报告编号） 复核结论：优良 监理工程师：××× （加盖公章） ×年×月×日				

注：R_n—n组试件强度的平均值；S_n—n组试件强度的标准差；$R_标$—设计龄期抗压强度值；R_{min}—n组试件中强度最小的一组值。

表 4-5　　　　　　　　**砂浆与砌筑用混凝土试块强度评定表**

单位工程名称		水闸工程		分部工程名称	上游连接段	
施工单位		×××水电公司		施工日期	×年×月×日—×年×月×日	
项次		检验项目	质量标准（合格）		统计结果	评定情况
1		强度保证率	不小于80%		98.7%	
2		任意一组试块强度	不低于设计强度的85%		90.0%	
3	$n\geqslant30$	离差系数	抗压强度 <20.0MPa	$\leqslant0.22$	0.17	合格
			抗压强度 $\geqslant20.0$MPa	<0.18	—	
1	$n<30$	试块强度	平均强度不低于设计强度		—	—
			任意一组试块强度不低于设计强度的80%		—	

施工单位 自评意见	报验资料情况：齐全、准确、清晰 自评结果：合格 评定人：×××（质检员） 项目质量（技术）负责人：××× <div align="right">（加盖公章） ×年×月×日</div>
监理单位 复核意见	平行检验结果及备查资料名称、编号：（砂浆试块检测报告标号） 复核结论：合格 监理工程师：××× <div align="right">（加盖公章） ×年×月×日</div>

第四节 工 程 验 收

一、工程验收意义和依据

工程验收是工程建设进入到某一阶段的程序，借以全面考核该阶段工程是否符合批准的设计文件要求，以确定工程能否继续进入到下一阶段施工或投入运行，并履行相关的签证和交接验收手续。

水利工程建设项目验收的依据是：国家有关法律、法规、规章和技术标准；有关主管部门的规定；可行性研究报告、初步设计文件、调整概算文件；经批准的设计文件及相应的工程变更文件；施工图纸及主要设备技术说明书等。法人验收还应当以施工合同为验收依据。

通过对工程验收工作可以检查工程是否按照批准的设计进行建设；检查已完工程在设计、施工、设备制造安装等方面的质量，并对验收遗留问题提出处理要求；检查工程投资控制和资金使用情况；检查工程是否具备运行或进行下一阶段建设的条件；总结工程建设中的经验教训，并对工程做出评价；及时移交工程，尽早发挥投资效益。

为加强水利工程建设项目验收管理，明确验收责任，规范验收行为，结合水利工程建设项目的特点，水利部于 2006 年 12 月 18 日颁布《水利工程建设项目验收管理规定》（2006 年水利部令第 30 号），并于 2007 年 4 月 1 日起施行，为适应水利工程验收的工作，水利部对《水利工程建设项目验收管理规定》进行了三次修订（2014 年 8 月 19 日水利部令第 46 号、2016 年 8 月 1 日水利部令第 48 号及 2017 年 12 月 22 日水利部令第 49 号）。

为加强水利水电建设工程验收管理，使水利水电建设工程验收制度化、规范化，保证工程验收质量，水利部于 2008 年 3 月 3 日发布《水利水电建设工程验收规程》（SL 223—2008），自 2008 年 6 月 3 日实施。该规程适用于由中央、地方财政全部投资或部分投资建设的大中型水利水电建设工程（含 1 级、2 级、3 级堤防工程）的验收，其他水利水电建设工程的验收可参照执行。

水利工程建设项目验收，按验收主持单位性质不同分为法人验收和政府验收两类。法人验收是指在项目建设过程中由项目法人组织进行的验收。法人验收是政府验收的基础。政府验收是指由有关人民政府、水行政主管部门或者其他有关部门组织进行的验收，包括专项验收、阶段验收和竣工验收。

二、项目法人验收

工程建设完成分部工程、单位工程、单项合同工程，或者中间机组启动前，应当组织法人验收。项目法人可以根据工程建设的需要增设法人验收的环节。

（1）项目法人应当自工程开工之日起 60 个工作日内，制定法人验收工作计划，报法人验收监督管理机关和竣工验收主持单位备案。

（2）施工单位在完成相应工程后，应当向项目法人提出验收申请。项目法人经检查认为建设项目具备相应的验收条件的，应当及时组织验收。

（3）法人验收由项目法人主持。验收工作组由项目法人以及设计、施工、监理等单位的代表组成；必要时可以邀请工程运行管理单位等参建单位以外的代表及专家参加。项目法人可以委托监理单位主持分部工程验收，有关委托权限应当在监理合同或者委托书中明确。

（4）分部工程具备验收条件时，施工单位应向项目法人提交验收申请报告，项目法人应在验收申请报告之日起 10 个工作日内决定是否同意进行验收。分部工程验收通过后，项目法人向施工单位发送分部工程验收鉴定书。施工单位应及时完成分部工程验收鉴定书并载明应由施工单位处理的遗留问题。

（5）单位工程完工并具备验收条件时，施工单位应向项目法人提出验收申请报告。项目法人应在收到验收申请报告之日起 10 个工作日内决定是否同意进行验收。项目法人组织单位工程验收时，应提前通知质量和安全监督机构。主要建筑物单位工程验收应通知法人验收监督管理机关。法人验收监督管理机关可视情况决定是否列席验收会议，质量和安全监督机构应派员列席验收会议。单位工程验收通过后，项目法人向施工单位发送单位工程验收鉴定书。施工单位应及时完成单位工程验收鉴定书并载明应由施工单位处理的遗留问题。需提前投入使用的单位工程在专用合同条款中明确。单位工程投入使用验收和单项合同工程完工验收通过后，项目法人应当与施工单位办理工程的有关交接手续。

（6）合同工程具备验收条件时，施工单位应向项目法人提出验收申请报告。项目法人应在收到验收申请报告之日起 20 个工作日内决定是否同意进行验收。合同工程完工验收通过后，项目法人向施工单位发送合同工程完工验收鉴定书。施工单位应及时完成合同工程完工验收鉴定书并载明应由施工单位处理的遗留问题。

合同工程完工验收通过后，项目法人应当与施工单位办理工程的有关交接工作。工程缺陷责任期从通过单项合同工程完工验收之日算起，缺陷责任期限按合同约定执行。

项目法人应当自法人验收通过之日起 30 个工作日内，制作法人验收鉴定书，发送参加验收单位并报送法人验收监督管理机关备案。

三、政府验收

（一）验收主持单位

（1）阶段验收、竣工验收由竣工验收主持单位主持。竣工验收主持单位可以根据工作需要委托其他单位主持阶段验收。专项验收依照国家有关规定执行。

（2）国家重点水利工程建设项目，竣工验收主持单位依照国家有关规定确定。

除前款规定以外，在国家确定的重要江河、湖泊建设的流域控制性工程、流域重大骨干工程建设项目，竣工验收主持单位为水利部。

除前两款规定以外的其他水利工程建设项目，竣工验收主持单位按照以下原则确定：

1）水利部或者流域管理机构负责初步设计审批的中央项目，竣工验收主持单位为水利部或者流域管理机构。

2）水利部负责初步设计审批的地方项目，以中央投资为主的，竣工验收主持单位为水利部或者流域管理机构；以地方投资为主的，竣工验收主持单位为省级人民政府（或者其委托的单位）或者省级人民政府水行政主管部门（或者其委托的单位）。

3）地方负责初步设计审批的项目，竣工验收主持单位为省级人民政府水行政主管部门（或者其委托的单位）。

竣工验收主持单位为水利部或者流域管理机构的，可以根据工程实际情况，会同省级人民政府或者有关部门共同主持。

竣工验收主持单位应当在工程初步设计的批准文件中明确。

（二）专项验收

枢纽工程导（截）流、水库下闸蓄水等阶段验收前，涉及移民安置的，应当完成相应的移民安置专项验收。

工程竣工验收前，应当按照国家有关规定，进行环境保护、水土保持、移民安置以及工程档案等专项验收。经有关部门同意，专项验收可以与竣工验收一并进行。

专项验收主持单位依照国家有关规定执行。

项目法人应当自收到专项验收成果文件之日起 10 个工作日内，将专项验收成果文件报送竣工验收主持单位备案。专项验收成果文件是阶段验收或者竣工验收成果文件的组成部分。

专项验收具体内容在本章第五节中讲述。

（三）阶段验收

工程建设进入枢纽工程导（截）流、水库下闸蓄水、引（调）排水工程通水、首（末）台机组启动等关键阶段，应当组织进行阶段验收。

竣工验收主持单位根据工程建设的实际需要，可以增设阶段验收的环节。

阶段验收的验收委员会由验收主持单位、该项目的质量监督机构和安全监督机构、运行管理单位的代表以及有关专家组成；必要时，应当邀请项目所在地的地方人民政府以及有关部门参加。工程参建单位是被验收单位，应当派代表参加阶段验收工作。

大型水利工程在进行阶段验收前，可以根据需要进行技术预验收，有关竣工技术预验收的规定进行；水库下闸蓄水验收前，项目法人应当按照有关规定完成蓄水安全鉴定。

验收主持单位应当自阶段验收通过之日起 30 个工作日内，制作阶段验收鉴定书，发送参加验收的单位并报送竣工验收主持单位备案。阶段验收鉴定书是竣工验收的备查资料。

（四）竣工验收

竣工验收应当在工程建设项目全部完成并满足一定运行条件后 1 年内进行。不能按期进行竣工验收的，经竣工验收主持单位同意，可以适当延长期限，但最长不得超过 6 个月。逾期仍不能进行竣工验收的，项目法人应当向竣工验收主持单位作专题报告。

竣工财务决算应当由竣工验收主持单位组织审查和审计。竣工财务决算审计通过 15 日后，方可进行竣工验收。

工程具备竣工验收条件的，项目法人应当提出竣工验收申请，经法人验收监督管理机关审查后报竣工验收主持单位。竣工验收主持单位应当自收到竣工验收申请之日起 20 个工作日内决定是否同意进行竣工验收。

竣工验收原则上按照经批准的初步设计所确定的标准和内容进行。项目既有总体初步设计又有单项工程初步设计，原则上按照总体初步设计的标准和内容进行，也可以先进行单项工程竣工验收，最后按照总体初步设计进行总体竣工验收。项目有总体可行性研究但没有总体初步设计而有单项工程初步设计的，原则上按照单项工程初步设计的标准和内容进行竣工验收。建设周期长或者因故无法继续实施的项目，对已完成的部分工程可以按单项工程或者分期进行竣工验收。

竣工验收分为竣工技术预验收和竣工验收两个阶段。

大型水利工程在竣工技术预验收前，项目法人应当按照有关规定对工程建设情况进行竣工验收技术鉴定。中型水利工程在竣工技术预验收前，竣工验收主持单位可以根据需要决定是否进行竣工验收技术鉴定。

竣工技术预验收由竣工验收主持单位以及有关专家组成的技术预验收专家组负责。工程参建单位的代表应当参加技术预验收，汇报并解答有关问题。

竣工验收的验收委员会由竣工验收主持单位、有关水行政主管部门和流域管理机构、有关地方人民政府和部门、该项目的质量监督机构和安全监督机构、工程运行管理单位的代表以及有关专家组成。工程投资方代表可以参加竣工验收委员会。

竣工验收主持单位可以根据竣工验收的需要，委托具有相应资质的工程质量检测机构对工程质量进行检测。所需费用由项目法人承担，但因施工单位原因造成质量不合格的除外。

项目法人全面负责竣工验收前的各项准备工作，设计、施工、监理等工程参建单位应当做好有关验收准备和配合工作，派代表出席竣工验收会议，负责解答验收委员会提出的问题，并作为被验收单位在竣工验收鉴定书上签字。

竣工验收主持单位应当自竣工验收通过之日起 30 个工作日内，制作竣工验收鉴定书，并发送有关单位。竣工验收鉴定书是项目法人完成工程建设任务的凭据。

（五）验收遗留问题处理与工程移交

项目法人和其他有关单位应当按照竣工验收鉴定书的要求妥善处理竣工验收遗留问题和完成尾工工程。验收遗留问题处理完毕和尾工工程完成并通过验收后，项目法人应当将处理情况和验收成果报送竣工验收主持单位。

项目法人与工程运行管理单位是不同的，工程通过竣工验收后，应当及时办理移交手续。工程移交后，项目法人以及其他参建单位应当按照法律法规的规定和合同约定，承担后续的相关质量责任。项目法人已经撤销的，由撤销该项目法人的部门承接相关的责任。

四、缺陷责任期质量控制

（一）缺陷责任期起算时间

缺陷责任期即工程质量保修期，除施工合同另有约定外，一般从工程通过合同工程完工验收之日起，或部分工程通过投入使用验收之日起开始计算，至有关规定或施工合同约定的缺陷责任终止的时段。缺陷责任期一般为 1 年。

在合同工程完工验收前，已经发包人提前验收的单位工程或部分工程，若未投入使用，其缺陷责任期亦从工程通过合同工程完工验收后开始计算；若已投入使用，其缺陷责任期从通过单位工程或部分工程投入使用验收后开始计算。缺陷责任期的期限在专用合同条款中约定。同一合同中的不同项目可有多个不同的缺陷责任期。

由于承包人原因造成某项缺陷或损坏使某项工程或工程设备不能按原定目标使用而需要再次检查、检验和修复的，发包人有权要求承包人相应延长缺陷责任期，但缺陷责任期最长不超过 2 年。

（二）缺陷责任期承包人的质量责任

（1）承包人应在缺陷责任期内对已交付使用的工程承担缺陷责任。

（2）缺陷责任期内，发包人对已接收使用的工程负责日常维护工作。发包人在使用过程中，发现已接收的工程存在新的缺陷或已修复的缺陷部位或部件又遭损坏的，承包人应负责修复，直至检验合格为止。

（3）监理机构和承包人应共同查清缺陷和（或）损坏的原因。经查明属承包人原因造成的，应由承包人承担修复和查验的费用。经查验属发包人原因造成的，发包人应承担修复和查验的费用，并支付承包人合理利润。

（4）承包人不能在合理时间内修复缺陷的，发包人可自行修复或委托其他人修复，所需费用和利润的承担，按第（3）项办理。

（三）缺陷责任期的监理机构质量控制任务

（1）监理机构应监督承包人按计划完成尾工项目，协助发包人验收尾工项目，并按合同约定办理付款签证。

（2）监理机构应监督承包人对已完工程项目中所存在的施工质量缺陷进行修复。在承包人未能执行监理机构的指示或未能在合理时间内完成修复工作时，监理机构可建议发包人雇用他人完成施工质量缺陷修复工作，按合同约定确定责任及费用的分担。

（3）根据工程需要，监理机构在缺陷责任期可适时调整人员和设施，除保留必要的外，其他人员和设施应撤离，或按照合同约定将设施移交发包人。

（四）缺陷责任期终止证书

缺陷责任期或缺陷责任期延长期满，承包人提出缺陷责任期终止申请后，监理机构在检查承包人已经按照施工合同约定完成全部其应完成的工作，且经检验合格后，应审核承包人提交的缺陷责任终止申请，满足合同约定条件的，提请发包人签发缺陷责任期终止证书。

缺陷责任期满后 30 个工作日内，发包人应向承包人颁发工程质量缺陷责任终止证书，并退还剩余的质量保证金，但缺陷责任范围内的质量缺陷未处理完成的应除外。

第五节 专 项 验 收

工程竣工验收前，应当按照国家有关规定，进行移民安置、环境保护、水土保持以及工程档案等专项验收。

一、移民安置验收

根据《大中型水利水电工程移民安置验收管理办法》，移民安置验收可分为工程阶段性移民安置验收和工程竣工移民安置验收。

工程阶段性移民安置验收是指水库工程导（截）流、下闸蓄水（含分期蓄水）等阶段的移民安置验收。

大中型水利水电工程阶段验收和竣工验收前，应当组织移民安置验收。移民安置未经验收或者验收不合格的，不得对大中型水利水电工程进行阶段性验收和竣工验收。

移民安置验收应当自下而上，按照自验、初验、终验的顺序组织进行。

移民安置自验是指承担移民安置任务的县级人民政府对移民安置工作进行的自我检查和验收。移民安置初验是指县级以上人民政府或者其规定的移民管理机构对移民安置工作进行的初步检查和验收。移民安置终验是指移民安置验收主持单位对移民安置工作进行的全面检查和验收。在开展移民安置验收前，可根据需要委托第三方开展技术预验收工作。

（一）移民安置验收依据

（1）国家有关法律、法规、规章、政策和标准。

（2）地方有关法规、规章、政策和标准。

（3）经批准的移民安置规划大纲、移民安置规划、工程可行性研究报告和初步设计报告，移民安置实施设计文件以及规划设计变更专题报告和概算调整批准文件等，移民安置年度计划。

（4）项目法人与地方人民政府或者其规定的移民管理机构签订的移民安置协议。

（二）移民安置验收的组织

由水利部主持的大中型水利水电工程，工程阶段性和竣工移民安置验收由水利部会同有关省级人民政府主持，水利部可根据需要委托流域管理机构开展工程阶段性移民安置验收工作。其余大中型水利水电工程，移民安置验收由省级人民政府或者其规定的移民管理机构主持，并由省级人民政府规定的移民管理机构将移民安置验收报告抄报水利部水库移民司。

移民安置验收主持单位负责指导监督移民安置自验、初验工作，并组织移民安置终验。县级以上人民政府或者其规定的移民管理机构负责指导监督移民安置自验，组织移民安置初验。移民区和移民安置区县级人民政府负责组织移民安置自验。

移民安置工作仅涉及一个县级行政区域的，移民安置初验可以与自验合并进行。

移民安置验收组织或者主持单位，应当组织成立验收委员会。验收委员会由验收组织或者主持单位、项目主管部门、有关地方人民政府及其移民管理机构和相关部门、项目法人、移民安置规划设计单位、移民安置监督评估单位，以及其他相关单位（包括技术预验收单位）的代表和有关专家组成。验收委员会主任委员由移民安置验收组织或者主持单位代表担任。

（三）移民安置验收条件

（1）枢纽工程导（截）流阶段，移民安置验收应当在导（截）流后壅高水位淹没影响范围内满足以下条件：

1）移民已经完成搬迁，生活条件具备。

2）对城（集）镇的影响已经得到妥善处理。

3）企（事）业单位处理工作已经完成。

4）对专项设施的影响已经得到妥善处理。

5）水库库底清理（除林木清理外）工作已经完成。

6）应归档文件材料已经完成阶段性收集、整理工作。

（2）水库工程下闸蓄水（含分期蓄水）阶段，移民安置验收应当在相应的蓄水位淹没影响范围内满足以下条件：

1）移民已经完成搬迁安置。

2）农村移民生产安置措施已经落实。

3）城（集）镇迁建工作已经完成。

4）企（事）业单位处理工作已经完成。

5）专项设施处理工作完成，或采取其他措施已经恢复原功能。

6）防护工程建设已经完成（分期蓄水阶段验收时，防护工程水下部分建设满足分期蓄水要求），且通过主管部门验收。

7）水库库底清理工作已经完成，需要验收的项目已经通过主管部门验收。

8）应归档文件材料已经完成阶段性收集、整理工作。

（3）工程竣工移民安置验收应当及时开展，在工程竣工验收前完成，并满足以下条件：

1）移民已经完成搬迁安置，移民个人补偿费已经按协议兑付；移民安置区基础设施和公共服务设施建设已经完成，需要验收的项目已经通过主管部门验收；农村移民生产安置措施已经落实；水库移民后期扶持人口核定工作已经完成。

2）城（集）镇迁建已经完成，需要验收的项目已经通过主管部门验收。

3）企（事）业单位已经签订补偿协议并按协议兑付，需要验收的项目已经通过主管部门验收。

4）专项设施处理工作已经完成并投入使用或者功能已经得到恢复，需要验收的项目已经通过主管部门验收。

5）防护工程建设已经完成，运行维护单位已经明确。

6）水库库底清理工作已经完成，需要验收的项目已经通过主管部门验收。

7）移民资金已经按规定拨（兑）付完毕。

8）编制完成移民资金财务决算，资金使用管理情况依法接受审计监督。

9）历次移民资金审计、稽察和验收提出的主要问题已经整改完成或依法依规处理。

10）移民档案的收集、整理和归档工作已经完成，并满足完整、准确、系统、安全和有效利用要求。

（四）移民安置验收程序

（1）移民安置验收前，项目法人应会同与其签订移民安置协议的地方人民政府编制移民安置验收工作计划，对移民安置自验和初验工作做出安排，对移民安置终验工作提出建议。

移民安置验收工作计划应当报移民安置验收主持单位备案。

（2）移民区和移民安置区县级人民政府应当按照移民安置验收工作计划，组织开展移民安置自验工作。

移民安置自验通过后，移民区和移民安置区县级人民政府应当及时向初验组织单位提出初验申请。

（3）移民安置初验组织单位接到初验申请后，根据本办法规定的验收条件等及时决定是否同意进行移民安置初验。

移民安置初验通过后，移民安置初验组织单位应当及时向省级人民政府或者其规定的移民管理机构提出移民安置终验申请。水利部主持验收的大中型水利水电工程，由省级移民管理机构组织移民安置初验，并向水利部提出移民安置终验申请，同时抄报省级人民政府。

（4）移民安置验收主持单位收到终验申请后，根据本办法规定的验收条件等及时决定是否同意进行移民安置终验。

（5）验收委员会对移民安置工作进行全面检查和验收，形成移民安置验收报告。

移民安置验收报告应当经三分之二以上验收委员会成员同意后通过。验收委员会成员对验收结论持有异议的，应当将保留意见在验收报告上明确记载并签字。

验收中发现的问题，其处理原则由验收委员会协商确定。主任委员对争议问题有裁决权。但是，半数以上验收委员会成员不同意裁决意见的，应当报请验收主持单位决定。

（6）通过移民安置验收的，移民安置验收组织或者主持单位应当将移民安置验收报告印送有关单位。

未通过移民安置验收的，移民安置验收组织或者主持单位应当将不予通过验收的理由以及整改意见书面通知验收申请单位。验收申请单位应当及时组织处理有关问题，完成整改，并按照验收程序重新申请验收。

（7）移民安置验收中发现的问题，有关单位应当按照验收报告提出的处理意见按期妥善处理，并及时将处理结果报验收组织或者主持单位。

（8）因提交验收资料不真实而导致验收结论有误的，移民安置验收组织或者主持单位应当撤销验收报告，对责任单位和责任人予以通报；造成严重后果的，依照有关法律法规处理。

二、环境保护验收

根据《建设项目竣工环境保护验收技术规范　水利水电》（HJ 464—2009），水利水电建设项目竣工环境保护验收技术工作分为三个阶段：准备、验收调查、现场验收。

（一）验收工况要求

（1）建设项目运行生产能力达到其设计生产能力的75％以上并稳定运行，相应环保设施已投入运行。如果短期内生产能力无法达到设计能力的75％，验收调查应在主体工程稳定运行、环境保护设施正常运行的条件下进行，注明实际调查工况。

（2）对于没有工况负荷的建设项目，如堤防、河道整治工程、河流景观建设工程等，需工程完工运用且相应环保设施及措施完成并投入运行后进行。

（3）对于灌溉工程项目，需构筑物完建，灌溉引水量达到设计规模的75％以上后进行。

（4）对于分期建设、分期运行的项目，按照工程实施阶段，可分为蓄水前阶段和发电运行阶段进行验收调查。蓄水前阶段验收调查主要是施工调查，发电运行阶段验收调查工况应符合（1）的条件。

（5）对于在项目筹建期编制了水通、电通、路通和场地平整"三通一平"工程环境影响报告书的项目，工程运行满足验收工况后，一并进行竣工环境保护验收。

（二）验收调查

1. 验收调查时段和范围

根据水利水电建设项目特点，验收调查应包括工程前期、施工期、运行期三个时段。

验收调查范围原则上与环境影响评价文件的评价范围一致；当工程实际建设内容发生变更或环境影响评价文件未能全面反映出项目建设的实际生态影响或其他环境影响时，应根据工程实际变更和实际环境影响情况，结合现场踏勘对调查范围进行适当调整。

2. 验收调查的原则和方法

验收调查应以批准的环境影响评价文件、审批文件和工程设计文件为基本要求，对建设项目的环境保护设施和措施进行核查。验收调查应坚持客观、公正、系统全面、重点突出的原则。

验收调查应采用充分利用已有资料、工程建设过程回顾、现场调查、环境监测、公众意见调查相结合的方法，并充分利用先进的技术手段和方法。

3. 验收调查内容

调查内容包括：环境敏感目标调查、工程调查、环境保护措施落实情况调查、生态影响调查、水文影响调查、泥沙情势影响调查、水环境影响调查、大气环境影响调查、声环境影响调查、振动环境影响调查、固体废物影响调查、社会环境影响调查、环境风险事故防范及应急措施调查、环境管理及监控计划落实调查、公众意见调查等。

（三）验收标准的确定

（1）采用建设项目环境影响评价文件和环境影响评价审批文件中提出的环保要求和采用的环境保护标准，作为验收依据和标准。

（2）建设项目环境影响评价文件和环境影响评价审批文件中没有明确要求的，可参考国家和地方环境保护标准，或参考其他相关标准。

（3）没有现行环境保护标准的，应按照实际调查情况给出结果。

（四）竣工环境保护验收现场检查

1. 环境保护设施检查

（1）检查生态保护设施建设和运行情况，包括：过鱼设施、增殖放流设施、下泄生态流量通道、水土保持设施等。

（2）检查水环境保护设施建设和运行情况，包括：工程区废、污水收集处理设施及移民安置区污水处理设施等。

（3）检查其他环保设施运行情况，包括：烟气除尘设施、降噪设施、垃圾收集处理设施及环境风险应急设施等。

2. 环境保护措施检查

（1）检查生态保护措施落实情况，包括：迹地恢复和占地复耕措施、绿化措施、生态敏感目标保护措施、基本农田保护措施、水库生态调度措施、水生生物保护措施、生态补偿措施等。

（2）检查水环境保护措施落实情况，包括：污染源治理措施、水环境敏感目标保护措施、排泥场防渗处理措施、水污染突发事故应急措施等。

（3）检查其他环境保护措施落实情况。

（五）验收重点

（1）工程设计及环境影响评价文件中提出的造成环境影响的主要工程内容。

（2）重要生态保护区和环境敏感目标。

（3）环境保护设计文件、环境影响评价文件及环境影响评价审批文件中提出的环境保护措施落实情况及其效果等。主要有：调水工程和水电站下游减水、脱水段生态影响及下泄生态流量的保障措施；水温分层型水库的下泄低温水的减缓措施；大、中型水库的初期蓄水对下游影响的减缓措施；节水灌溉和灌区建设工程节水措施；河道整治工程淤泥的处置措施等。

（4）配套环境保护设施的运行情况及治理效果。

（5）实际突出或严重的环境影响，工程施工和运行以来发生的环境风险事故以及应急措施，公众强烈反应的环境问题。

（6）工程环境保护投资落实情况。

三、水土保持验收

《中华人民共和国水土保持法》第二十七条：依法应当编制水土保持方案的生产建设项目中的水土保持设施，应当与主体工程同时设计、同时施工、同时投产使用；生产建设项目竣工验收，应当验收水土保持设施；水土保持设施未经验收或者验收不合格的，生产建设项目不得投产使用。

2017年9月，《国务院关于取消一批行政许可事项的决定》（国发〔2017〕46号）取消了各级水行政主管部门实施的生产建设项目水土保持设施验收审批行政许可事项，转为生产建设单位按照有关要求自主开展水土保持设施验收。为贯彻落实国务院决定精神，规范生产建设项目水土保持设施自主验收的程序和标准，切实加强事中事后监管，水利部发布了《水利部关于加强事中事后监管规范生产建设项目水土保持设施自主验收的通知》（水保〔2017〕365号）和《水利部办公厅关于印发生产建设项目水土保持设施自主验收规程（试行）的通知》（办水保〔2018〕133号）。

生产建设项目水土保持设施自主验收（以下简称自主验收）包括水土保持设施验收报告编制和竣工验收两个阶段。

自主验收应以水土保持方案（含变更）及其批复，水土保持初步设计和施工图设计及其审批（审查、审定）意见为主要依据。

（一）自主验收条件

自主验收合格应具备下列条件：

（1）水土保持方案（含变更）编报、初步设计和施工图设计等手续完备。

（2）水土保持监测资料齐全，成果可靠。

（3）水土保持监理资料齐全，成果可靠。

（4）水土保持设施按经批准的水土保持方案（含变更）、初步设计和施工图设计建成，符合国家、地方、行业标准、规范、规程的规定。

（5）水土流失防治指标达到了水土保持方案批复的要求。

（6）重要防护对象不存在严重水土流失危害隐患。

（7）水土保持设施具备正常运行条件，满足交付使用要求，且运行、管理及维护责任得到落实。

（二）自主验收内容

自主验收应包括以下主要内容：

（1）水土保持设施建设完成情况。

（2）水土保持设施质量。

（3）水土流失防治效果。

（4）水土保持设施的运行、管理及维护情况。

（三）水土保持设施验收报告编制

（1）水土保持设施验收报告由第三方技术服务机构（以下简称第三方）编制。

（2）第三方编制水土保持设施验收报告，应符合水土保持设施验收报告示范文本的格式要求，对项目法人法定义务履行情况、水土流失防治任务完成情况、防治效果情况和组织管理情况等进行评价，作出水土保持设施是否符合验收合格条件的结论，并对结论负责。

四、工程档案验收

2023 年 4 月 17 日，水利部、国家档案局关于印发《水利工程建设项目档案验收办法》（水办〔2023〕132 号）的通知规定：大中型和国家重点水利工程建设项目应在竣工验收前开展档案验收；其他水利工程建设项目可在竣工验收前开展档案验收，也可在竣工验收时同步开展档案验收。未进行档案验收或档案验收不合格的，不得进行或通过竣工验收。档案验收采用评分制，根据评分结果划分为优良、合格和不合格三个等级。评分项目包含档案工作保障体系、档案收集整理质量、档案信息化管理等内容。项目电子文件归档和电子档案管理情况纳入评分内容。

（一）验收组织

（1）国务院或国家发展改革委组织竣工验收的项目，由国家档案主管部门或按照国家有关规定组织档案验收。

水利部、流域管理机构、地方水行政主管部门组织竣工验收的项目，由其档案工作机构组织档案验收，必要时可根据项目实际情况，会同项目所在地相应档案主管部门共同组织。

（2）档案验收组织单位应根据项目建设规模及档案收集整理的实际情况，及时组建档案验收组（以下简称验收组）具体承担验收工作。

（3）验收组成员一般应包括档案验收组织单位、相应档案主管部门、有关流域管理机构或地方水行政主管部门的人员及特邀专家，验收组组长由验收组织单位的人员担任。

验收组成员人数应为不少于 5 人的单数。特邀专家应具有档案管理或工程管理中级以上专业技术职称，其中大中型和国家重点水利工程建设项目档案验收特邀专家应具有档案管理或工程管理副高级以上专业技术职称。

（4）档案验收按照《水利工程建设项目档案验收评分标准》（简称《评分标准》）逐项评分，满分为 100 分。总分达到 90 分以上的为优良等级；达到 70～89.9 分的为合格等级；未达到 70 分，或达到 70 分以上但"档案收集整理质量与移交保管"项未达到 60 分的为不合格。

（5）档案验收经验收组综合评分达到合格以上等级为通过验收，验收组形成验收意见并签字确认；综合评分为不合格的，不得通过验收。验收组成员对验收意见有异议的，应当在验收意见中注明保留意见内容并签字确认。

（二）验收申请

1. 申请验收条件

申请档案验收应具备以下条件：

（1）项目已按批准的设计文件要求建成，各项指标已达到设计能力并满足一定运行条件。

（2）项目法人与各参建单位已完成竣工验收前应归档纸质及电子等文件材料的收集、整理、归档与移交工作。

（3）监理单位对施工单位提交的项目档案质量已进行审核，确认已达到验收标准，并编制档案专项审核报告。

（4）项目法人实现项目档案的集中统一管理，且按要求完成自检工作，达到《评分标准》规定的合格以上分数。

2. 申请提交时间

项目法人应于工程计划竣工验收前 3 个月，按以下情形向档案验收组织单位书面提出档案验收申请：

（1）水利部组织档案验收的，按项目管理权限，项目法人通过流域管理机构或省级水行政主管部门提出申请。

（2）流域管理机构组织档案验收的，直属项目由项目法人提出申请，非直属项目通过省级水行政主管部门提出申请。

（3）地方水行政主管部门组织档案验收的，直属项目由项目法人提出申请，非直属项目通过下一级水行政主管部门提出申请。

思 考 题

4-1 什么叫质量检验？质量检验的目的和作用是什么？

4-2 什么叫抽样检验？常用的抽样方法有哪几种？

4-3 计数型抽样检验方案的设计思想是什么？

4-4 计量型抽样检验方案的设计思想是什么？

4-5 项目法人全过程质量检测的数量要求是什么？

4-6 竣工验收质量抽检的数量要求是什么？

4-7 简述质量检测专业分类及资质要求。

4-8 地基处理、基桩、堤防、渠道、土石坝、混凝土坝质量检测项目分别包括哪些内容？

4-9 单位工程项目划分的原则有哪些？分部工程的划分应遵循哪些原则？

4-10 工程验收的依据有哪些？进行工程验收的意义是什么？

4-11 进行完工验收的条件是什么？进行竣工验收的条件是什么？

4-12 缺陷责任期承包人的质量责任是什么？监理机构的质量责任有哪些？

第五章 工程质量缺陷与工程质量事故

质量发展是兴国之道、强国之策。质量反映一个国家的综合实力,是企业和产业核心竞争力的体现,也是国家文明程度的体现;质量既是科技创新、资源配置、劳动者素质等因素的集成,又是法治环境、文化教育、诚信建设等方面的综合反映。质量问题是经济社会发展的战略问题,关系可持续发展,关系人民群众切身利益,关系国家形象。

建设工程是人们日常生活和生产、经营、工作的主要场所,是人类生存和发展的物质基础。建设工程的质量,不仅关系到生产经营活动的正常运行,也关系到人民生命财产安全。建设工程一旦出现质量问题,特别是发生重大垮塌事故,将危及人民生命财产安全,损失巨大,影响恶劣。因此,百年大计,质量第一,必须确保建设工程的安全可靠。

第一节 工程质量缺陷

一、质量缺陷的概念

依据《水利工程质量事故处理暂行规定》(1999 年 3 月 4 日水利部令第 9 号),质量缺陷是指对工程质量有影响,但小于一般质量事故的质量问题。

二、质量缺陷的处理

(一)质量缺陷备案

根据《水利水电工程施工质量检验与评定规程》(SL 176—2007),水利工程实行水利工程施工质量缺陷备案及检查处理制度。

(1)在施工过程中,因特殊原因使得工程个别部位或局部发生达不到技术标准和设计要求(但不影响使用),且未能及时进行处理的工程质量缺陷问题(质量评定仍定为合格),应以工程质量缺陷备案形式进行记录备案。

(2)质量缺陷备案内容包括:质量缺陷产生的部位、原因,对质量缺陷是否处理和如何处理以及对建筑物使用的影响等。质量缺陷备案表由监理单位组织填写,内容应真实、准确、完整。各工程参建单位代表应在质量缺陷备案表上签字,若有不同意见应明确记载。

(3)质量缺陷备案表应及时报工程质量监督机构备案。质量缺陷备案资料按竣工验收的标准制备,作为工程竣工验收备查资料存档。

(4)工程竣工验收时,项目法人应向竣工验收委员会汇报并提交历次质量缺陷备案资料。

第二节 水利工程质量事故

一、水利工程质量事故分类

(一) 工程质量事故

1. 工程质量事故的内涵

根据《水利工程质量事故处理规定》(2024 年 10 月 14 日水利部令第 57 号), 水利工程质量事故是指水利工程在建设过程中因建设管理、勘察、设计、施工、监理、检测等原因造成工程质量不满足法律法规、强制性标准和工程设计文件的质量要求, 影响工程主要功能正常使用, 造成一定经济损失, 必须进行工程处理的事。

因质量事故造成人身伤亡的, 还应遵从国家和水利部伤亡事故处理的有关规定。

2. 工程质量事故特点

工程项目建设不同于一般的工业生产活动, 其实施的一次性, 生产组织特有的流动性、综合性, 劳动的密集性及协作关系的复杂性, 均会导致工程质量事故更具有复杂性、严重性、可变性及多发性的特点。

(1) 工程质量事故原因的复杂性。为了满足各种特定使用功能的需要, 以及适应各种自然环境, 建设工程产品的种类繁多, 特别是水利水电工程, 可以说没有一个工程是相同的。此外, 即使是同类型的工程, 由于地区不同、施工条件不同, 也会有诸多复杂的技术问题。尤其需要注意的是, 造成质量事故的原因错综复杂, 同一形态的质量事故, 其原因有时截然不同, 因此处理的原则和方法也不同。同时还要注意到, 建筑物在使用中也存在各种问题。所有这些复杂的因素, 必然会导致工程质量事故的性质、危害和处理都很复杂。例如, 造成大坝混凝土裂缝的原因有很多, 可能是设计不良或计算错误, 或温度控制不当, 也可能是建筑材料的质量问题, 也可能是施工质量低劣以及周围环境变化等多个原因中的一个或几个造成的。

(2) 工程质量事故的严重性。工程质量事故, 有的会影响施工的顺利进行, 有的会给工程留下隐患或缩短建筑物的使用年限, 有的会影响安全甚至导致建筑物不能使用。在水利水电工程中, 最为严重的是会使大坝崩溃, 即垮坝, 造成严重人员伤亡和巨大的经济损失。所以, 对已发现的工程质量问题, 决不能掉以轻心, 务必及时进行分析, 得出正确的结论, 采取恰当的处理措施, 以确保安全。

(3) 工程质量事故的可变性。工程中的质量问题多数是随时间、环境、施工情况等发展变化的。例如, 大坝裂缝问题, 其数量、宽度、深度和长度, 会随着水库水位、气温、水温的变化而变化。又如, 土石坝或水闸的渗透破坏问题, 开始时一般仅下游出现浑水或冒砂, 当水头增大时, 这种浑水或冒砂量会增加, 随着时间的推移, 土坝坝体或地基, 或闸底板下地基内的细颗粒逐步被淘走, 形成管涌或流土, 最终导致溃坝或水闸失稳破坏。因此, 一旦发现工程的质量问题, 就应及时调查、分析, 对那些不断变化而可能发展成引起破坏的质量事故, 要及时采取应急补救措施, 对那些表面的质量问题, 要进一步查清内部情况，确定问题性质是否会转化；对那些随着时间、水位和温度等条件变化的质量问题，要注意观测、记录，并及时分析，找出其变化特征或规律，必要时及时进行处理。

（4）工程质量事故的多发性。工程质量事故的多发性有两层意思：一是有些事故像"常见病""多发病"一样经常发生，而成为质量通病，例如混凝土、砂浆强度不足，混凝土的蜂窝、麻面等；二是有些同类事故一再发生，例如，在混凝土大坝施工中，裂缝常会重复出现。

（二）水利工程质量事故的分类

水利工程质量事故按直接经济损失、事故处理所需合理工期，分为特别重大质量事故、重大质量事故、较大质量事故、一般质量事故。

特别重大质量事故，是指造成直接经济损失 1 亿元（人民币，下同）以上，或者事故处理所需合理工期 6 个月以上。

重大质量事故，是指造成直接经济损失 5000 万元以上 1 亿元以下，或者事故处理所需合理工期 3 个月以上 6 个月以下。

较大质量事故，是指造成直接经济损失 1000 万元以上 5000 万元以下，或者事故处理所需合理工期 1 个月以上 3 个月以下的事故。

一般质量事故，是指造成直接经济损失 100 万元以上 1000 万元以下，或者事故处理所需合理工期 15 日以上 1 个月以下的事故。

不构成一般质量事故的，按照《水利工程质量管理规定》和有关技术标准处理。

这里所称直接经济损失，是指事故处理所需的材料、设备、人工等直接费用；所称的"以上"包括本数，"以下"不包括本数。

二、水利工程质量事故处理程序

依据《水利工程质量事故处理规定》（2024 年 10 月 14 日水利部令第 57 号），工程质量事故分析处理程序包括以下内容。

（一）事故报告

1. 事故报告要求

质量事故现场有关人员应当立即报告本单位负责人和项目法人。项目法人应当在质量事故发现 2 小时内，向负责项目监督管理的县级以上地方人民政府水行政主管部门或者流域管理机构（以下统称项目监督管理部门）报告，并在 24 小时内报送事故报告。

任何单位和个人不得迟报、谎报、瞒报。事故报告后出现新情况，应当及时续报。

项目监督管理部门接到事故报告后，应当及时指导项目法人和相关事故单位做好现场处置等相关工作，核实事故情况，初步判断事故等级，并按照以下规定逐级上报：

县级以上地方人民政府水行政主管部门初步判断为特别重大、重大质量事故的，应当立即报告同级人民政府和上一级水行政主管部门，并逐级报告至流域管理机构、水利部；初步判断为较大质量事故的，应当逐级报告至省级水行政主管部门、流域管理机构。每级上报的时间不得超过 2 小时。

流域管理机构初步判断为特别重大、重大质量事故的，应当立即报告水利部。

发现质量事故后，项目法人和相关事故单位应当及时采取有效措施，防止事故扩大并进行拍照、录像，严格保护现场，妥善保管现场重要痕迹、物证；因事故救援等原因需移动现场物件时，应当作出标志、绘制现场简图并作出书面记录；及时封存相关记录、检测、检验等证据资料。

2. 事故报告内容

事故报告应当包括以下内容：

（1）工程概况。主要包括工程名称、工程等级、建设地点、主要功能、批复工期，项目法人及其主要负责人姓名、电话。

（2）质量事故情况。主要包括事故发生的时间、工程部位、事故发生的简要经过以及相应的参建单位。

（3）事故发生原因初步分析。

（4）估算事故等级。主要包括初步估算的直接经济损失、事故处理所需合理工期、事故等级。

（5）事故发生后采取的措施及事故控制情况。

（6）其他应该报告的情况。

（二）事故调查

1. 事故调查组织

水利工程质量事故实行分级调查，按照初步判断的事故等级确定事故调查单位。

（1）特别重大质量事故由水利部组织调查。

（2）重大质量事故，由省级水行政主管部门、流域管理机构按照项目监督管理权限组织调查。

（3）较大质量事故，由县级以上地方人民政府水行政主管部门、流域管理机构按照项目监督管理权限组织调查。

（4）一般质量事故由项目法人组织调查。

上级水行政主管部门认为有必要的，可以组织调查由下级水行政主管部门或者项目法人负责调查的质量事故。

事故调查单位应当组织成立事故调查组，确定调查组成员，指定调查组组长。事故调查组成员应当具有事故调查所需要的专业和专长，并与所调查的事故项目没有直接利害关系。事故调查组组长主持事故调查组的工作。

事故相关单位的负责人和有关人员在事故调查期间不得擅离职守，并应当接受事故调查组的询问，如实提供有关情况。不得以任何方式阻碍或者干扰事故调查组正常工作。

事故调查组成员在事故调查工作中应当诚信公正、恪尽职守，遵守纪律、保守秘密，不得向无关人员透露或者擅自发布事故相关信息。

事故调查组应当自成立之日起 60 日内提交事故调查报告；情况复杂，不能在规定期限内提交事故调查报告的，经事故调查单位批准，可以适当延长；但延长的期限最多不超过 60 日。因技术复杂需要组织技术鉴定的，技术鉴定所需时间不计入事故调查期限。

事故调查组提交的调查报告经事故调查单位同意后,调查工作即告结束。事故调查单位应当归档保存事故调查有关资料。

事故调查完成30日内,省级水行政主管部门和流域管理机构应当组织将事故调查报告报送至水利部。

事故调查费用由项目法人先行垫付,查清责任后,由事故责任单位负担。

2. 事故调查主要任务

(1)查明事故发生的原因、过程、直接经济损失情况、事故处理所需合理工期和对后续工程的影响,对事故等级进行认定。

(2)必要时组织具备相关技术能力的单位或者专家进行技术鉴定。

(3)提出事故处理和防范措施建议。

(4)查明事故的责任单位和责任人应负的责任,提出处理建议。

(5)提交事故调查报告。

事故调查组认定事故等级超出调查单位权限范围的,应当提请事故调查单位报告上一级水行政主管部门。

3. 事故调查报告

事故调查报告应当包括下列内容:

(1)工程项目概况。

(2)事故发生和处置。

(3)技术分析与鉴定。

(4)事故原因分析。

(5)事故等级认定。

(6)事故责任认定和事故责任处理建议。

(7)事故处理和防范措施建议。

事故调查报告应当附具有关证据材料,包括现场调查记录、图纸、照片,有关质量检测报告和技术分析报告,直接经济损失材料,发生事故部位的工艺条件、操作情况和设计文件等附件资料。

事故调查组成员应当在事故调查报告上签名。

(三)工程处理

水利工程质量事故调查处理,应当实事求是、尊重科学、依法依规,坚持事故原因未查清不放过、责任人员未处理不放过、整改措施未落实不放过、有关人员未受到教育不放过的"四不放过"原则。

项目法人应当组织勘察、设计等单位制订工程处理方案,征求事故调查组意见,并报经事故调查单位同意后实施。

县级以上人民政府水行政主管部门、流域管理机构应当按照项目管理权限督促项目法人按照要求全面完成事故处理任务。项目法人应当将事故处理结果报事故调查单位备案。

工程处理所需费用原则上由事故责任单位承担。对因质量事故造成的其他损失和工期延误等，按合同约定进行处置。

工程处理需要进行设计变更的，应当按照设计变更管理相关规定组织编制设计变更文件、履行设计变更程序。涉及事故应急抢险的，可按要求实施后再履行相关变更手续。

事故部位处理完成后，应当按规定进行质量验收，合格后方可投入使用或者进入下一阶段施工。

（四）事故处罚

县级以上人民政府水行政主管部门、流域管理机构等单位的工作人员在水利工程质量事故报告、调查和处理工作中玩忽职守、滥用职权、徇私舞弊，构成犯罪的，依法追究刑事责任；尚不构成犯罪的，依法给予政务处分。

事故相关单位迟报、谎报、瞒报水利工程质量事故的，由项目监督管理部门依据职权责令改正，给予警告或者通报批评；情节严重的，处5万元以上10万元以下的罚款。

项目法人、勘察单位、设计单位、施工单位、监理单位、检测单位和有关人员违反建设管理相关规定，工程质量不符合规定的质量标准的，或者处理后不依照有关规定进行质量验收的，依据有关法律法规和规章的规定给予行政处罚、行政处理。

因原材料、中间产品和设备供应单位供应的产品质量问题造成质量事故的，事故调查单位应当将质量问题移交有关主管部门依法处理。

三、工程质量事故处理和分析实例

某水闸拆除重建工程坐落在砂质壤土地基上采用桩基础，水闸闸孔净宽5m，共布置12孔，总净宽60m，两孔一联，胸墙式结构，中墩厚1.2m，缝墩厚1.0m，闸室总长62.4m。闸底坎高程5.0m，胸墙底板高程10.0m，水闸顺水流向长10m。上游布置钢筋混凝土护坦，长15m，下游布置钢筋混凝土消力池，长15m。岸墙采用空箱式结构。翼墙采用钢筋混凝土扶臂结构。闸墩混凝土强度为C25。施工中发现1号、3号闸墩拆模后，混凝土存在严重的蜂窝、麻面、孔洞和漏筋现象，经过抽样检测，抽检结果发现混凝土强度达不到设计要求，经研究为确保水闸结构安全必须对闸墩全部返工，由此将造成直接经济损失155万元。

1. 问题

（1）质量事故处理基本原则是什么？

（2）按照事故处理的程序，怎么处理该事故？

（3）根据水利部《水利工程质量事故处理规定》（2024年10月14日水利部令第57号），工程质量事故如何分类？此类质量事故属于哪一类事故？

2. 分析与答案

（1）发生质量事故，必须坚持事故原因未查清不放过、责任人员未处理不放过、整改措施未落实不放过、有关人员未受到教育不放过的"四不放过"原则。

（2）进行事故处理的程序应该是：①进行事故调查，一般质量事故由项目法人组织调查；②项目法人应当组织勘察、设计等单位制订工程处理方案，征求事故调查组意见，并报经事故调查单位同意后实施；③事故部位处理完成后，应当按规定进行质量验收，合格后方可投入使用或者进入下一阶段施工。

（3）事故分类：根据《水利工程质量事故处理规定》（2024 年 10 月 14 日水利部令第57 号），此事故为一般质量事故。

第六章 工程质量控制的统计分析方法

数据反映了产品的质量状况及其变化，是进行质量控制的重要依据。"一切用数据说话"是全面质量管理的观点之一。为了将收集的数据变为有用的质量信息，就必须把收集来的数据进行整理，经过统计分析，找出规律，发现存在的质量问题，进一步分析影响的原因，以便采取相应的对策与措施，使工程质量处于受控状态。

第一节 质量控制统计分析的基本知识

一、质量管理统计分析工作程序

质量管理统计分析方法的工作程序如图 6-1 所示。

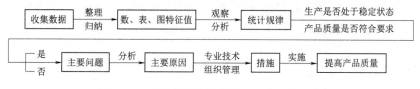

图 6-1 质量管理统计分析方法的工作程序

二、质量数据的分类

质量数据是指对工程（或产品）进行某种质量特性的检查、试验、化验等所得到的量化结果，这些数据向人们提供了工程（或产品）的质量评价和质量信息。

（一）按质量数据的特征分类

按质量数据的本身特征分类可分为计量值数据和计数值数据两种。

1. 计量值数据

计量值数据是指可以连续取值的数据，属于连续型变量，如长度、时间、重量、强度等。这些数据都可以用测量工具进行测量，这类数据的特点是在任何两个数值之间都可以取得精度较高的数值。

2. 计数值数据

计数值数据是指只能计数、不能连续取值的数据，如废品的个数、合格的分项工程数、出勤的人数等。此外，凡是由计数值数据衍生出来的量，也属于计数值数据。如合格率、缺勤率等虽都是百分数，但由于它们的分子是计数值，所以它们都是计数值数据。同理，由计量值数据衍生出来的量，也属于计量值数据。

（二）按质量数据收集的目的不同分类

按质量数据收集的目的不同分类，可以分为控制性数据和验收性数据两种。

1. 控制性数据

控制性数据是指以工序质量作为研究对象、定期随机抽样检验所获得的质量数据。它用来分析、预测施工（生产）过程是否处于稳定状态。

2. 验收性数据

验收性数据是以工程产品（或原材料）的最终质量为研究对象，分析、判断其质量是否达到技术标准或用户的要求，而采用随机抽样检验而获取的质量数据。

三、质量数据的整理

（一）数据的修约

过去对数据采取四舍五入的修约规则，但是多次反复使用，将使总值偏大。因此，在质量管理中，建议采用"四舍六入五单双法"修约，即：四舍六入，五后非零时进一，五后皆零时视五前奇偶，五前为偶应舍去，五前为奇则进一（零视为偶数）。此外，不能对一个数进行连续修约。

例如，将下列数字修约为保留一位小数时，分别为：①14.2631→14.3；②14.3426→14.3；③14.2501→14.3；④14.1500→14.2；⑤14.2500→14.2。

（二）总体算术平均数 μ

$$\mu = \frac{1}{N}(X_1 + X_2 + \cdots + X_N) = \frac{1}{N}\sum_{i=1}^{N} X_i \qquad (6-1)$$

式中　N——总体中个体数；

　　　X_i——总体中第 i 个的个体质量特性值。

（三）样本算术平均数 $\overline{x}$

$$\overline{x} = \frac{1}{n}(x_1 + x_2 + \cdots + x_n) = \frac{1}{n}\sum_{i=1}^{n} x_i \qquad (6-2)$$

式中　n——样本容量；

　　　x_i——样本中第 i 个的样本质量特性值。

（四）样本中位数

中位数又称中数。样本中位数就是将样本数据按数值大小有序排列后，位置居中的数值。

当 n 为奇数时，　　　　　　　　$\widetilde{X} = x_{\frac{n+1}{2}}$ 　　　　　　　　$(6-3)$

当 n 为偶数时，　　　　　　　　$\widetilde{X} = \frac{1}{2}\left(x_{\frac{n}{2}} + x_{\frac{n}{2}+1}\right)$ 　　　　　$(6-4)$

（五）极差 R

极差是数据中最大值与最小值之差，是用数据变动的幅度来反映分散状况的特征值。极差计算简单，使用方便，但比较粗略，数值仅受两个极端值的影响，损失的质量信息多，不能反映中间数据的分布和波动规律，仅适用于小样本。其计算公式为

$$R = x_{\max} - x_{\min} \tag{6-5}$$

（六）标准偏差

用极差值反映数据分散程度，虽然计算简便，但不够精确。因此，对计算精度要求较高时，需要用标准偏差来表征数据的分散程度。标准偏差简称标准差或均方差。总体的标准差用 σ 表示，样本的标准差用 S 表示。标准差值小说明分布集中程度高，离散程度小，均值对总体的代表性好。标准差的平方是方差，有鲜明的数理统计特征，能确切说明数据分布的离散程度和波动规律，是最常采用的反映数据变异程度的特征值。其计算公式如下。

（1）总体的标准偏差 σ：

$$\sigma = \sqrt{\frac{\sum_{i=1}^{n}(x_i - \mu)^2}{N}} \tag{6-6}$$

（2）样本的标准偏差 S：

$$S = \sqrt{\frac{\sum_{i=1}^{n}(x_i - \overline{x})^2}{n-1}} \tag{6-7}$$

当样本量（$n \geqslant 50$）足够大时，样本标准偏差 S 接近于总体标准差 σ，式（6-7）中的分母（$n-1$）可简化为 n。

$\overline{x}$ 和 S 分别作为 μ 和 σ 的估计值。

（七）变异系数（离差系数）

标准偏差是反映样本数据的绝对波动状况，当测量较大的量值时，绝对误差一般较大；测量较小的量值时，绝对误差一般较小。因此，相对波动的大小即变异系数，更能反映样本数据的波动性。变异系数 C_V 表示，是标准偏差 S 与算术平均值 $\overline{X}$ 的比值，即

$$C_V = \frac{S}{\overline{X}} \tag{6-8}$$

（八）混凝土强度保证率

强度保证率 P 是设计要求在施工中抽样检验混凝土的抗压强度，必须大于或等于某一强度等级的概率。如混凝土强度等级为 C20，设计要求强度保证率 P 为 80%，即平均 100 次试验中允许有 20 次试验强度结果小于 C20。

强度保证率可从图 6-2 中查出，R_{28} 是设计要求 28d 龄期混凝土强度，

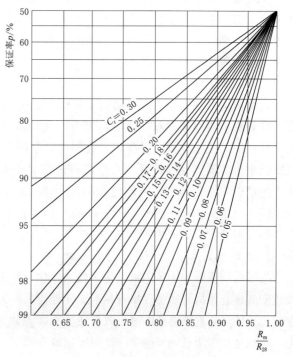

图 6-2　混凝土强度保证率曲线

R_m 是控制试件的平均强度。

混凝土强度保证率和匀质性指标按不同强度等级进行统计，混凝土匀质性指标以在标准温度、湿度条件下养护 28d 龄期的混凝土试件抗压强度的离差系数 C_V 值表示。

四、质量数据的分布规律

在实际质量检测中，我们发现即使在生产过程稳定正常的情况下，同一总体（样本）的个体产品的质量特性值也是互不相同的。这种个体间表现形式上的差异性，反映在质量数据上即个体数值的波动性、随机性。然而当运用统计方法对这些大量丰富的个体质量数值进行加工、整理和分析后，我们又会发现这些产品质量特性值（以计量值数据为例）大多都分布在数值变动范围的中部区域，即有向分布中心靠拢的倾向，表现为数值的集中趋势；还有一部分质量特性值在中心的两侧分布，随着逐渐远离中心，数值的个数变少，表现为数值的离散趋势。质量数据的集中趋势和离散趋势反映了总体（样本）质量变化的内在规律性。质量数据具有个体数值的波动性和总体（样本）分布的规律性。

（一）质量数据波动的原因

在生产实践中，设备、原材料、工艺产品的质量不同，反映在质量数据上，即具有波动性，亦称为变异性。究其波动的原因，有来自生产过程和检测过程的，但不管哪一个过程的原因，均可归纳为下列五个方面因素（4M1E）的变化：①人的状况，如精神、技术、身体和质量意识等；②机械设备、工具等的精度及维护保养状况；③材料的成分、性能；④方法、工艺、测试方法等；⑤环境，如温度和湿度等。

根据造成质量波动的原因以及对工程质量的影响程度和消除的可能性，将质量数据的波动分为两大类，即正常波动和异常波动。质量特性值的变化在质量标准允许范围内波动称为正常波动，是由偶然性因素引起的；若是超越了质量标准允许范围的波动则称为异常波动，是由系统性因素引起的。

1. 偶然性因素

它是由偶然性、不可避免的因素造成的。影响因素的微小变化具有随机发生的特点，是不可避免、难以测量和控制的，或者是在经济上不值得消除，或者难以从技术上消除，如原材料中的微小差异、设备正常磨损或轻微振动、检验误差等。它们大量存在但对质量的影响很小，属于允许偏差、允许位移范畴，引起的是正常波动，一般不会因此造成废品，生产过程正常稳定。通常把 4M1E〔Man（人）、Material（材料）、Machine（机械）、Method（方法）、Environments（环境）因素的这类微小变化归为影响质量的偶然性原因、不可避免原因或正常原因。

2. 系统性因素

当影响质量的 4M1E 因素发生了较大变化，如工人未遵守操作规程、机械设备发生故障或过度磨损、原材料质量规格有显著差异等情况发生时，没有及时排除，导致生产过程不正常，产品质量数据就会离散过大或与质量标准有较大偏离，表现为异常波动，次品、废品产生。这就是产生质量问题的系统性原因或异常原因。由于异常波动特征明显，容易识别和避免，特别是对质量的负面影响不可忽视，生产中应该随时监控，及时识别和处理。

（二）质量数据分布的规律性

上面已述及，在正常生产条件下，质量数据仍具有波动性，即变异性。概率数理统计在对大量统计数据研究中，归纳总结出许多分布类型。一般来说，计量连续的数据属于正态分布。计件值数据服从二项分布，计点值数据服从泊松分布。正态分布规律是各种频率分布中用得最广的一种，在水利工程施工质量管理中，量测误差、土质含水量、填土干密度、混凝土坍落度、混凝土强度等质量数据的频数分布一般认为服从正态分布。正态分布概率密度曲线如图 6-3 所示。从图中可知：

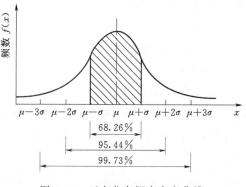

图 6-3　正态分布概率密度曲线

（1）分布曲线关于均值 μ 是对称的。

（2）标准差 σ 大小表达曲线宽窄的程度，σ 越大，曲线越宽，数据越分散；σ 越小，曲线越窄，数据越集中。

（3）由概率论中的概率和正态分布的概念，查正态分布表可算出：曲线与横坐标轴所围成的面积为 1；正态分布总体样本落在 $(\mu-\sigma, \mu+\sigma)$ 区间的概率为 68.26%；落在 $(\mu-2\sigma, \mu+2\sigma)$ 区间的概率为 95.44%，落在 $(\mu-3\sigma, \mu+3\sigma)$ 区间的概率为 99.73%。也就是说，在测试 1000 件产品质量特性值中，就可能有 997 件以上的产品质量特性值落在区间 $(\mu-3\sigma, \mu+3\sigma)$ 内，而出现在这个区间以外的只有不足 3 件。这在质量控制中称为"千分之三"原则或者"3σ 原则"。这个原则是在统计管理中作为任何控制时的理论根据，也是国际上公认的统计原则。

第二节　常用的质量分析工具

质量分析方法控制工序或工程产品质量，主要通过数据整理和分析，研究其质量误差的现状和内在的发展规律，据以推断质量现状和将要发生的问题，为质量控制提供依据和信息。所以，质量分析方法本身，仅是一种工具，通过它只能反映质量问题，提供决策依据。真正要控制质量，还是要针对问题采取相应的措施。

用于质量分析的工具很多，常用的有直方图法、控制图法、排列图法、分层法、因果分析图法、相关图法。

一、直方图法

（一）直方图法的用途

直方图法即频数分布直方图法，它是将收集到的质量数据进行分组整理，绘制成频数分布直方图，通过频数分布分析研究数据的集中程度和波动范围的统计方法。通过直方图的观察与分析，可了解生产过程是否正常，估计工序不合格品率的高低，判断工序能力是否满足，评价施工管理水平等。

其优点是：计算、绘图方便、易掌握，且直观、确切地反映出质量分布规律。其缺点是：不能反映质量数据随时间的变化；要求收集的数据较多，一般要 50 个以上，否则难以体现其规律。

（二）直方图的绘制方法

1. 收集整理数据

收集数据时应注意是同一个系统、同一规格的产品的质量数据。质量数据的数量一般要 50 个以上。然后找出所收集数据的最大值和最小值。

【例 6 - 1】 某工程浇筑混凝土时，先后取得混凝土抗压强度数据，见表 6 - 1。

表 6 - 1　　　　　　　　　　　　混凝土抗压强度数据表　　　　　　　　　单位：MPa

行次	试块抗压强度						最大值	最小值
1	39.7	31.3	35.9	32.4	37.1	30.9	39.7	30.9
2	28.9	23.5	30.6	32.0	28.0	28.2	32.0	23.5
3	29.0	25.7	29.1	30.0	20.3	28.6	30.0	20.3
4	20.4	25.0	25.6	26.5	26.9	28.6	28.6	20.4
5	31.2	28.2	30.5	32.0	30.7	31.1	32.0	28.2
6	29.7	30.3	23.3	27.0	23.3	20.9	30.3	20.9
7	25.7	36.7	37.6	24.8	27.2	30.1	37.6	24.8
8	26.6	24.6	24.6	25.9	31.1	27.9	31.1	24.6
9	29.0	24.0	28.5	34.3	27.1	35.8	35.8	24.0
10	32.5	35.8	27.4	27.1	28.1	29.7	35.8	27.1
X_{max}，X_{min}							39.7	20.3

2. 计算极差 R

找出全部数据中的最大值与最小值，计算出极差。

本例中 $X_{max}=39.7$MPa，$X_{min}=20.3$MPa，极差 $R=19.4$MPa。

3. 确定组数和组距

（1）确定组数 k。确定组数的原则是分组的结果能正确地反映数据的分布规律。组数应根据数据的多少来确定。组数过少，会掩盖数据的分布规律；组数过多，使数据过于零乱分散，也不能显示出质量分布状况。一般可由经验数值确定，50～100 个数据时，可分为 6～10 组；100～250 个数据时，可分为 7～12 组；数据 250 个以上时，可分为 10～20 组。本例取组数 $k=7$。

（2）确定组距 h。组距是组与组之间的间隔，也即一个组的范围。各组距应相等，于是

$$组距=\frac{极差}{组数}$$

本例中组距 $h=19.4/7=2.77$，为了计算方便，这里取 $h=2.78$。

其中，组中值按下式计算：

$$某组组中值 = \frac{某组下界限值 + 某组上界限值}{2}$$

4. 确定组界值

确定组界值就是确定各组区间的上、下界值。为了避免 X_{min} 落在第一组的界限上，第一组的下界值应比 X_{min} 小；同理，最后一组的上界值应比 X_{max} 大。此外，为保证所有数据全部落在相应的组内，各组的组界值应当是连续的；而且组界值要比原数据的精度提高一级。

一般以数据的最小值开始分组。第一组上、下界值按下式计算：

第一组下界限值：$X_{min} - \dfrac{h}{2} = 20.30 - \dfrac{2.78}{2} = 18.91$

第一组上界限值：$X_{min} + \dfrac{h}{2} = 20.30 + \dfrac{2.78}{2} = 21.69$

第一组的上界限值就是第二组的下界限值；第二组的上界限值等于下界限值加组距 h，其余类推。

5. 编制数据频数统计表

编制数据频数统计表见表 6-2。

表 6-2　　　　　　　　　计　算　表

组号	组区间值	组中值	频数统计	频数	频率/%
1	18.91~21.69	20.30	下	3	5
2	21.69~24.47	23.08	正 丁	7	11.7
3	24.47~27.25	25.86	正 正 下	13	21.7
4	27.25~30.03	28.64	正 正 正 正 一	21	35
5	30.03~32.81	31.42	正 正	9	15
6	32.81~35.59	34.20	正	5	8.3
7	35.59~38.37	36.98	丁	2	3.3
	总计			60	

6. 绘制频数分布直方图

以频数为纵坐标，以组中值为横坐标，画直方图，如图 6-4 所示。

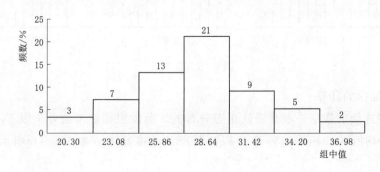

图 6-4　直方图

(三) 直方图的判断和分析

通过用直方图分布和公差比较判断工序质量，如发现异常，应及时采取措施预防产生不合格品。

1. 理想型直方图

理想型直方图是左右基本对称的单峰型。直方图的分布中心 $\overline{x}$ 与公差中心 μ 重合；直方图位于公差范围之内，即直方图宽度 B 小于公差 T。可以取 $T \approx 6S$。S 为检测数据的标准差，如图 6-5 (a) 所示。对于 [例6-1]，直方图是左右基本对称的单峰型；$S=4.2$，$B=19.4$。$B<6S$，所以是正常型的直方图。这说明混凝土的生产过程正常。

2. 非正常型直方图

出现非正常型直方图时，表明生产过程或收集数据作图有问题。这就要求进一步分析判断找出原因，从而采取措施加以纠正。凡属非正常型直方图，其图形分布有各种不同缺陷，归纳起来一般有 5 种类型。

(1) 折齿型：是由于分组过多或组距太细所致，如图 6-5 (b) 所示。

(2) 孤岛型：是由于原材料或操作方法有显著变化所致，如图 6-5 (c) 所示。

(3) 双峰型：是由于将来自两个总体的数据（如两种不同材料、两台机器或不同操作方法）混在一起所致，如图 6-5 (d) 所示。

(4) 缓坡型：图形向左或向右呈缓坡状，即平均值 $\overline{X}$ 过于偏左或偏右，这是由于工序施工过程中的上控制界限或下控制界限控制太严所造成的，如图 6-5 (e) 所示。

(5) 绝壁型：是由于收集数据不当，或是人为剔除了下限以下的数据造成的，如图 6-5 (f) 所示。

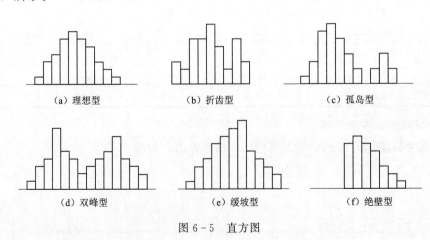

图 6-5 直方图

(四) 废品率的计算

由于计量连续的数据一般是服从正态分布的，所以根据标准公差上限 T_U、标准公差下限 T_L 和平均值 $\overline{X}$、标准偏差 S 可以推断产品的废品率，如图 6-6 所示。计算方法如下。

1. 超上限废品率 P_U 的计算

先求出超越上限的偏移系数：

$$K_{PU} = \frac{|T_U - \overline{X}|}{S} \qquad (6-9)$$

然后根据它查正态分布表（附表6），求得超上限的废品率 P_U。

2. 超下限废品率 P_L 的计算

先求出超越下限的偏移系数：

$$K_{PL} = \frac{|T_L - \overline{X}|}{S} \qquad (6-10)$$

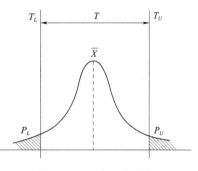

图 6-6　正态分布曲线

再依据它查正态分布表，得出超下限的废品率 P_L。

3. 总废品率

$$P = P_U + P_L$$

【例 6-2】　资料数据同 [例 6-1]，若设计要求强度等级为 C20（强度 20.0MPa），其下限值按施工规范不得低于设计值的 15%，即 $T_L = 20.0 \times (1 - 0.15) = 17.0$（MPa）。求废品率。

解： 由于混凝土强度不存在超上限废品率的问题，由 [例 6-1] 可知：$\overline{X} = 28.8$，$S = 4.13$。

因此：$K_{PL} = \dfrac{|T_L - \overline{X}|}{S} = \dfrac{|17 - 28.8|}{4.13} = 2.86$

查正态分布表，$P_L = 0.2\%$，所以总废品率 $P = 0.2\%$。

（五）工序能力指数 C_P

工序能力能否满足客观的技术要求，需要进行比较度量，工序能力指数就是表示工序能力满足产品质量标准的程度的评价指标。所谓产品质量标准，通常指产品规格、工艺规范、公差等。工序能力指数一般用符号 C_P 表示，将正常型直方图与质量标准进行比较，即可判断实际生产施工能力。

1. 工序能力分析

T 为质量标准要求的界限，B 为实际质量特性值分布范围。

比较结果一般有以下几种情况：

（1）B 在 T 中间，两边各有一定余地，这是理想的控制状态，如图 6-7（a）所示。

（2）B 虽在 T 之内，但偏向一侧，有可能出现超上限或超下限不合格品，要采取纠正措施，提高工序能力，如图 6-7（b）所示。

（3）B 与 T 重合，实际分布太宽，极易产生超上限与超下限的不合格品，要采取措施，提高工序能力，如图 6-7（c）所示。

（4）B 过分小于 T，说明工序能力过大，不经济，如图 6-7（d）所示。

（5）B 过分偏离了 T 的中心，已经产生超上限或超下限的不合格品，需要调整，如图 6-7（e）所示。

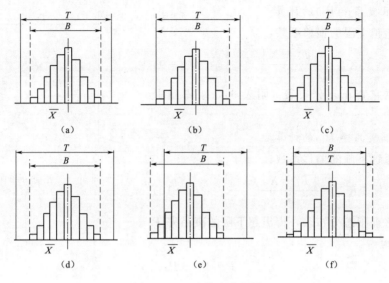

图 6 - 7　工序能力分析图

（6）B 大于 T，已经产生大量超上限与超下限的不合格品，说明工序能力不能满足技术要求，如图 6 - 7（f）所示。

2. 工序能力指数 C_P 的计算

（1）对双侧限而言，当数据的实际分布中心与要求的标准中心一致时，则无偏的工序能力指数为

$$C_P = \frac{T_U - T_L}{6S} \qquad (6-11)$$

当数据的实际分布中心与要求的标准中心不一致时，则有偏的工序能力指数为

$$C_{PK} = C_P(1-K) = \frac{T}{6S}(1-K) \qquad (6-12)$$

$$K = \frac{a}{T/2} = \frac{|2a|}{T}, a = \frac{T_U + T_L}{2} - \overline{X}$$

式中　T——标准公差；

T_U、T_L——标准公差上限及下限；

　　a——偏移量；

　　K——偏移系数。

（2）对于单侧限，即只存在 T_U 或 T_L 时，工序能力指数 C_P 的计算公式应作如下修改。若仅存在 T_L，则

$$C_P = \frac{\mu - T_L}{3S} \qquad (6-13)$$

若仅存在 T_U，则

$$C_P = \frac{T_U - \mu}{3S} \qquad (6-14)$$

式中 μ——标准（设计）中心值。

当数据的实际中心与要求的中心不一致时，同样应该用偏移系数 K 对 C_P 进行修正，得到单侧限有偏的工序能力指数 C_{PK}。

值得注意的是，不论是双侧限还是单侧限情况，仅当偏移量较小时，所得 C_{PK} 才合理。

一般而言，当 $1.33 < C_P \leqslant 1.67$ 时，说明工程能力良好；当 $C_P = 1.33$ 时，说明工程能力勉强；当 $C_P < 1$ 时，说明工程能力不足。

【例 6-3】 某批模具制作，标准公差 $T = 0.65$cm，标准差 $S = 0.08$cm，数据的实际分布中心与要求的标准中心偏移量 $a = 0.01$cm，求该批模具有偏的工序能力指数 C_{PK}。

解：
$$C_P = \frac{T_U - T_L}{6S} = \frac{T}{6S} = \frac{0.65}{6 \times 0.08} = 1.35$$

$$K = \frac{a}{T/2} = \frac{0.01}{0.65/2} = 0.031$$

$$C_{PK} = C_P(1-K) = 1.35 \times (1-0.031) = 1.31$$

二、控制图法

前述直方图法所表示的都是质量在某一段时间里的静止状态。但在生产工艺过程中，产品质量的形成是个动态过程。因此，控制生产工艺过程的质量状态，就成了控制工程质量的重要手段。这就必须在产品制造过程中及时了解质量随时间变化的状况，使之处于稳定状态，而不发生异常变化，因此需要利用管理图法。

管理图又称控制图，它是指以某质量特性和时间为轴，在直角坐标系所描的点，依时间为序所连成的折线，加上判定线以后，所画成的图形。管理图法是研究产品质量随着时间变化，如何对其进行动态控制的方法。它的使用可使质量控制从事后检查转变为事前控制。借助于管理图提供的质量动态数据，人们可随时了解工序质量状态，发现问题，分析原因，采取对策，使工程产品的质量处于稳定的控制状态。

控制图一般有三条线：上面的一条线为控制上限，用符号 UCL 表示；中间的一条为中心线，用符号 CL 表示；下面的一条为控制下限，用符号 LCL 表示，如图 6-8 所示。在生产过程中，按规定取样，测定其特性值，将其统计量作为一个点画在控制图上，然后连接各点连成一条折线，即表示质量波动情况。应该指出，这里的控制上下限和前述的标准公差上下限是两个不同的概念，不应混淆。控制界限是概率界限，而公差界限是一个技术界限。控制界限用于判断工序是否正常。控制界限是根据生产过程处于控制状态下，所取得的数据计算出来的；而公差界限是根据工程的设计标准而事先规定好的技术要求。

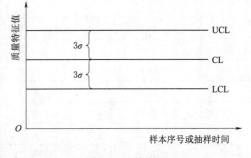

图 6-8 控制图

（一）控制图的种类

按照控制对象，可将双侧控制图分为计量双侧控制图和计数双侧控制图两种。

计量双侧控制图包括：平均值-极差双侧控制图（$\overline{X}-R$ 图），中位数-极差双侧控制图（$\widetilde{X}-R$ 图），单值-移动极差双侧控制图（$X-R_S$ 图）。

计数双侧控制图包括：不合格品数双侧控制图（P_n 图），不合格品率双侧控制图（P 图），缺陷数双侧控制图（C 图），单位缺陷数双侧控制图（u 图）。

这里只介绍平均值-极差双侧控制图（$\overline{X}-R$ 图）。$\overline{X}$ 管理图是控制其平均值，极差 R 管理图是控制其均方差。通常这两张图一起用。

（二）控制图的绘制

原材料质量基本稳定的条件下，混凝土强度主要取决于水灰比，因此可以通过控制水灰比来间接的控制强度。为说明管理图的控制方法，以设计水灰比为 0.50 为例，绘制水灰比的 $\overline{X}-R$ 管理图。

（1）收集预备数据。在生产条件基本正常的条件下，分盘取样，测定水灰比，每班取得 $n=3\sim5$ 个数据（一个数据为两次试验的平均值）作为一组，抽取的组数 $t=20\sim30$ 组，见表 6-3。

表 6-3 　　　　　　　　　$\overline{X}-R$ 双侧控制图数据表

组号	日 期	X_1	X_2	X_3	X_4	ΣX_i	$\overline{X}$	R
1	9月5日	0.51	0.46	0.50	0.54	2.01	0.502	0.080
2	9月6日	0.45	0.54	0.50	0.52	2.01	0.502	0.090
3	9月7日	0.51	0.54	0.53	0.47	2.05	0.512	0.070
4	9月8日	0.53	0.45	0.49	0.46	1.93	0.482	0.070
5	9月9日	0.55	0.50	0.46	0.50	2.01	0.502	0.090
6	9月10日	0.47	0.52	0.47	0.48	1.94	0.485	0.050
7	9月11日	0.54	0.48	0.50	0.50	2.02	0.505	0.060
8	9月12日	0.53	0.51	0.53	0.46	2.03	0.508	0.070
9	9月13日	0.46	0.54	0.47	0.49	1.96	0.490	0.080
10	9月14日	0.52	0.55	0.46	0.51	2.04	0.510	0.090
11	9月15日	0.47	0.54	0.47	0.47	1.95	0.488	0.070
12	9月16日	0.53	0.51	0.46	0.52	2.02	0.505	0.070
13	9月17日	0.48	0.51	0.51	0.48	1.98	0.495	0.030
14	9月18日	0.45	0.47	0.50	0.53	1.95	0.488	0.080
15	9月19日	0.51	0.52	0.53	0.54	2.10	0.525	0.030
16	9月20日	0.46	0.52	0.48	0.49	1.95	0.488	0.060
17	9月21日	0.49	0.46	0.50	0.53	1.98	0.495	0.070
18	9月22日	0.53	0.49	0.51	0.52	2.05	0.512	0.040
19	9月23日	0.48	0.47	0.48	0.49	1.92	0.480	0.020

续表

组号	日　期	X_1	X_2	X_3	X_4	$\sum X_i$	$\overline{X}$	R
20	9月24日	0.45	0.49	0.50	0.55	1.99	0.498	0.100
21	9月25日	0.47	0.51	0.51	0.53	2.02	0.505	0.060
22	9月26日	0.54	0.50	0.46	0.49	1.99	0.498	0.080
23	9月27日	0.46	0.50	0.51	0.53	2.00	0.500	0.070
24	9月28日	0.55	0.47	0.48	0.49	1.99	0.498	0.080
25	9月29日	0.52	0.47	0.56	0.50	2.05	0.512	0.090

本例收集 25 组数据。

（2）计算各组平均值 $\overline{x}$ 和极差 R，计算结果记在右侧两栏。

（3）计算管理图的中心线，即 $\overline{x}$ 的平均值 $\overline{\overline{x}}$；计算 R 管理图的中心线，即 R 的平均值 $\overline{R}$。

$$\overline{\overline{x}} = \frac{\sum \overline{x}_i}{t}, \overline{R} = \frac{\sum R_i}{t}$$

本例中，$\overline{\overline{x}} = 0.499$，$\overline{R} = 0.068$。

（4）计算管理界限。

$\overline{x}$ 管理图：

中心线 　　　　　　　　　　$\mathrm{CL} = \overline{\overline{x}}$

上管理界限 　　　　　　　　$\mathrm{UCL} = \overline{\overline{x}} + A_2\overline{R}$

下管理界限 　　　　　　　　$\mathrm{LCL} = \overline{\overline{x}} - A_2\overline{R}$

$\overline{R}$ 管理图：

中心线 　　　　　　　　　　$\mathrm{CL} = \overline{R}$

上管理界限 　　　　　　　　$\mathrm{UCL} = D_4\overline{R}$

下管理界限 　　　　　$\mathrm{LCL} = D_3\overline{R}$（$n \leqslant 6$ 时不考虑）

式中　A_2、D_3、D_4——随 n 变化的系数，其值见表 6-4。

表 6-4　　　　　　　　系数 A_2、D_3 和 D_4 随 n 变化的数据表

n	2	3	4	5	6	7	8	9	10
A_2	1.880	1.023	0.729	0.577	0.483	0.419	0.373	0.337	0.308
D_3	—	—	—	—	—	0.076	0.136	0.184	0.223
D_4	3.267	2.575	2.282	2.115	2.004	1.924	1.864	1.816	1.777

本例计算结果如下：

$\overline{x}$ 管理图：

中心线 　　　　　　　　$\mathrm{CL} = \overline{\overline{x}} = 0.449$

上管理界限 　　$\mathrm{UCL} = \overline{\overline{x}} + A_2\overline{R} = 0.449 + 0.729 \times 0.068 = 0.549$

下管理界限 　　$\mathrm{LCL} = \overline{\overline{x}} - A_2\overline{R} = 0.449 - 0.729 \times 0.068 = 0.450$

$\overline{R}$ 管理图：

中心线	$CL = \overline{R} = 0.068$
上管理界限	$UCL = D_4\overline{R} = 0.155$
下管理界限	$LCL = D_3\overline{R} = 0$（$n \leqslant 6$ 时不考虑）

（5）画管理界限并打点，如图 6-9 和图 6-10 所示。

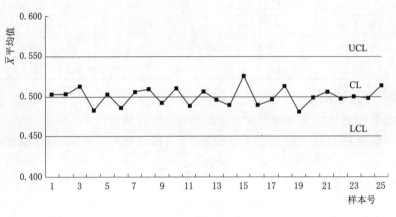

图 6-9 $\overline{X}$ 控制图

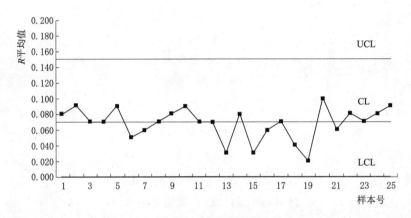

图 6-10 R 控制图

（三）控制图的分析与判断

绘制控制图的主要目的是分析判断生产过程是否处于稳定状态。控制图主要通过研究点是否超出了控制界线以及点在图中的分布状况，以判定产品（材料）质量及生产过程是否稳定，有否出现异常现象。如果出现异常，应采取措施，使生产处于控制状态。

控制图的判定原则是：对某一具体工程而言，小概率事件在正常情况下不应该发生。换言之，如果小概率事件在一个具体工程中发生了，则可以判定出现了某种异常现象，否则就是正常的。由此可见，控制图判断的基本思想可以概括为"概率性质的反证法"，即借用小概率事件在正常情况下不应发生的思想作出判断。这里所指的小概率事件是指概率小于1%的随机事件。

主要从以下四个方面来判断生产过程是否稳定：

（1）连续的点全部或几乎全部落在控制界线内，如图 6-11（a）所示。经计算算得到：

1）连续 25 点无超出控制界线者。

2）连续 35 点中最多有一点在界外者。

3）连续 100 点中至多允许有 2 点在界外者。

以上这三种情况均为正常。

（2）点在中心线附近居多，即接近上、下控制界线的点不能过多。接近控制界线是指点落在了 $\mu \pm 2\sigma$ 以外和 $\mu \pm 3\sigma$ 以内。如属下列情况判定为异常：连续 3 点至少有 2 点接近控制界线；连续 7 点至少有 3 点接近控制界线；连续 10 点至少有 4 点接近控制界线。

（3）点在控制界线内的排列应无规律。以下情况为异常：

1）连续 7 点及其以上呈上升或下降趋势者，如图 6 - 11（b）所示。

2）连续 7 点及其以上在中心线两侧呈交替性排列者。

3）点的排列呈周期性者，如图 6 - 11（c）所示。

（4）点在中心线两侧的概率不能过分悬殊，如图 6 - 11（d）所示。以下情况为异常：连续 11 点有 10 点在同侧；连续 14 点有 12 点在同侧；连续 17 点有 14 点在同侧；连续 20 点有 16 点在同侧。

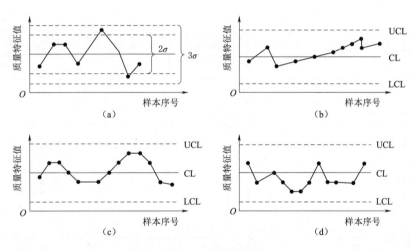

图 6 - 11　控制图分析

【例 6 - 4】　某水利工程项目需铺设钢筋混凝土圆管，为判断钢筋混凝土圆管的生产过程是否处于稳定状态，技术人员选取 25 批次产品（$t = 1$，2，…，25），检测其抗压强度，每批产品随机抽取三个样本 X_{ti}（$i = 1$，2，3），其中每个样本数据均为十个测区的平均值，$\overline{X}$ - R 双侧控制图数据表见表 6 - 5。请根据表 6 - 5 绘制 $\overline{X}$ - R 双侧控制图，并分析钢筋混凝土圆管的生产过程是否稳定。

表 6 - 5　　　　　　　　　　$\overline{X}$—R 双侧控制图数据表

批次 t	X_{t1}	X_{t2}	X_{t3}	$\sum X_{ti}$	$\overline{X_t}$	R_t
1	35.61	36.18	34.82	106.61	35.54	1.36
2	35.35	35.55	36.21	107.11	35.70	0.86

续表

批次 t	X_{t1}	X_{t2}	X_{t3}	$\sum X_{ti}$	$\overline{X_t}$	R_t
3	34.85	36.33	35.86	107.04	35.68	1.48
4	38.12	37.22	37.64	112.98	37.66	0.90
5	34.28	33.55	34.16	101.99	34.00	0.73
6	35.74	35.25	34.14	105.13	35.04	1.60
7	34.74	35.82	34.67	105.23	35.08	1.08
8	35.14	35.35	36.21	106.70	35.57	1.07
9	37.57	35.58	35.98	109.13	36.38	1.99
10	34.98	35.12	36.03	106.13	35.38	1.05
11	35.32	35.21	35.64	106.17	35.39	0.43
12	34.56	34.55	34.68	103.79	34.60	0.13
13	34.48	34.88	34.55	103.91	34.64	0.40
14	34.55	34.58	35.01	104.14	34.71	0.46
15	35.14	34.89	34.79	104.82	34.94	0.35
16	34.89	35.22	35.45	105.56	35.19	0.56
17	34.99	35.35	35.41	105.75	35.25	0.42
18	34.95	35.45	35.54	105.94	35.31	0.59
19	35.21	35.88	35.89	106.98	35.66	0.68
20	34.56	35.44	35.21	105.21	35.07	0.88
21	35.22	35.12	35.74	106.08	35.36	0.62
22	35.78	35.22	34.89	105.89	35.30	0.89
23	35.65	35.01	35.22	105.88	35.29	0.64
24	35.22	34.88	35.78	105.88	35.29	0.90
25	35.12	35.77	34.12	105.01	35.00	1.65

（1）计算各批次产品样本平均值 $\overline{X_t}$ 和极差 R_t，计算结果见表 6-5。

（2）计算 $\overline{X}$ 及 R 控制图的中心线。

$$\overline{\overline{X}} = \frac{\sum\limits_{t=1}^{25} \overline{X_t}}{t} = 35.32$$

$$\overline{R} = \frac{\sum\limits_{t=1}^{25} R_t}{t} = 0.87$$

（3）计算控制界限

$\overline{X}$ 控制图：中心线　$CL = \overline{\overline{X}} = 35.32$

上控制界限 $UCL = \overline{\overline{X}} + A_2\overline{R} = 35.32 + 1.023 \times 0.87 = 36.21$

下控制界限 $LCL = \overline{\overline{X}} - A_2\overline{R} = 35.32 - 1.023 \times 0.87 = 34.43$

控制图：中心线　$CL = \overline{R} = 0.87$

上控制界限　$UCL = D_4\overline{R} = 2.575 \times 0.87 = 2.24$

下控制界限　$LCL = D_3\overline{R} = 0$（$n \leqslant 6$ 时不考虑）

（4）画控制界限并打点，$\overline{X}$ 控制图如图 6-12 所示、R 控制图如图 6-13 所示。

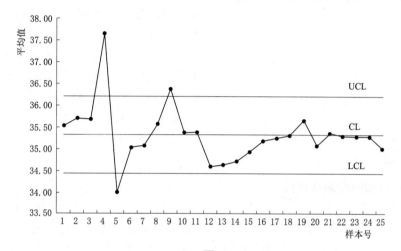

图 6-12　$\overline{X}$ 控制图

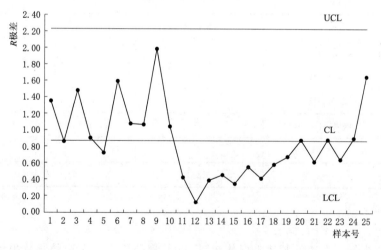

图 6-13　R 控制图

（5）$\overline{X}$ 控制图中，连续 25 点内有 3 点超出界限且连续 8 点呈上升趋势，存在"连续 25 点有超出控制界限"及"连续 7 点及其以上呈上升趋势"的异常情况；R 控制图中，存在连续 11 点有 10 点在同侧的异常情况。因此判断生产过程不稳定，需要找出影响生产过程稳定性的主要原因。

三、排列图法

排列图法又称巴雷特图法，也称主次因素分析图法，它是分析影响工程（产品）质量主要因素的一种有效方法。

（一）排列图的组成

排列图是由一个横坐标、两个纵坐标、若干个矩形和一条曲线组成，如图 6-14 所示。图 6-14 中左边纵坐标表示频数，即影响调查对象质量的因素发生或出现次数（个数、点数）；横坐标表示影响质量的各种因素，按出现的次数从多至少、从左到右排列；右边的纵坐标表示频率，即各因素的频数占总频数的百分比；矩形表示影响质量因素的项目或特性，其高度表示该因素频数的高低；曲线表示各因素依次的累计频率，也称为巴雷特曲线。

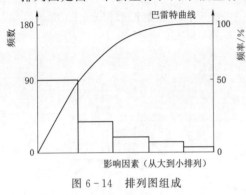

图 6-14 排列图组成

（二）排列图的绘制及分析

1. 收集数据

对已经完成的分部、单元工程或成品、半成品所发生的质量问题，进行抽样检查，找出影响质量问题的各种因素，统计各种因素的频数、计算频率和累计频率，见表 6-6。

表 6-6   排 列 图 计 算 表

序号	不合格项目	不合格构件/件	不合格率/%	累计不合格率/%
1	强度不足	78	56.5	56.5
2	表面有麻面	30	21.7	78.2
3	局部有漏筋	15	10.9	89.1
4	振捣不实	10	7.2	96.3
5	养护不良早期脱水	5	3.7	100
合计		138	100.0	

2. 绘制排列图

步骤如下：

（1）建立坐标。右边的频率坐标从 0 到 100% 划分刻度；左边的频数坐标从 0 到总频数划分割度，总频数必须与频率坐标上的 100% 成水平线；横坐标按因素的项目划分刻度，按照频数的大小依次排列。

（2）画直方图形。根据各因素的频数，依照频数坐标画出直方形（矩形）。

（3）画巴雷特曲线。根据各因素的累计频率，按照频率坐标上刻度描点，连接各点即为巴雷特曲线（或称巴氏曲线），如图 6-15 所示。

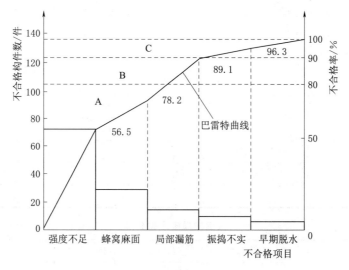

图 6-15　排列图

3. 排列图分析

将累计频率划分为 0~80%、80%~90% 和 90%~100% 三个区域，与其对应的质量问题分别为 A、B、C 三类，A 类为主要质量问题，B 类为次要质量问题，C 类为一般质量问题。由图 6-15 可得 A 类为"强度不足"和"蜂窝麻面"，是主要质量问题；B 类为"局部漏筋"，是次要质量问题；C 类为"振捣不实"和"早期脱水"，是一般质量问题。因此主要质量问题为"强度不足"和"蜂窝麻面"，应重点控制。

四、分层法

分层法又称分类法，是将调查收集的原始数据，根据不同的目的和要求，按某一性质进行分组、整理的分析方法。分层的结果使数据各层间的差异突出地显示出来，层内的数据差异减少了，在此基础上再进行层间、层内的比较分析。这种方法可以更深入地发现和认识质量问题的原因，由于产品质量是多方面因素共同作用的结果，因而对同一批数据，可以按不同性质分层，使我们能从不同来角度来考虑、分析产品存在和质量影响因素。

常见的分层标志包括以下几点：

(1) 按操作班组或操作者分层。

(2) 按使用机械设备型号分层。

(3) 按操作方法分层。

(4) 按原材料供应单位、供应时间或等级分层。

(5) 按施工时间分层。

(6) 按检查手段、工作环境等分层。

现举例说明分层法的应用。

【例 6-5】 钢筋焊接质量的调查分析，共检查了 50 个焊接点，其中不合格 19 个，不合格率为 38%，存在严重的质量问题，试用分层法分析质量问题的原因。

现已查明这批钢筋的焊接是由 A、B、C 三个师傅操作的，而焊条是由甲、乙两个厂家提供的，因此，分别对操作者和焊条生产厂家进行分层分析，即考虑一种因素单独的影响，见表 6-7 和表 6-8。

表 6-7 　　　　　　　　　　　　　按 操 作 者 分 层

操作者	不合格	合格	不合格率/%
A	6	13	32
B	3	9	25
C	10	9	53
合计	19	31	38

表 6-8 　　　　　　　　　　　　　按 供 应 焊 条 厂 家 分 层

工厂	不合格	合格	不合格率/%
甲	9	14	39
乙	10	17	37
合计	19	31	38

由表 6-7 和表 6-8 分层分析可见，操作者 B 的质量较好，不合格率 25%；而不论是采用甲厂还是乙厂的焊条，不合格率都很高而且相差不大。

分层法是质量控制统计分析方法中最基本的一种方法。其他统计方法一般都要与分层法配合使用，如排列图法、直方图法、控制图法、相关图法等。常常是首先利用分层将原始数据分门别类，然后再进行统计分析的。

五、因果分析图法

(一) 因果分析图概念

因果分析图法是利用因果分析图来系统整理分析某个质量问题（结果）与其产生原因之间关系的有效工具，因果分析图也称特性要因图，又因其形状常被称为树枝图或鱼刺图。因果分析图基本形式如图 6-16 所示。

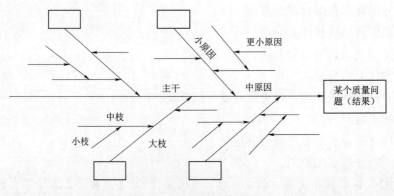

图 6-16　因果分析图

从图 6-16 可见，因果分析图由质量特性（即指某个质量问题）、要因（产生质量问题的主要原因）、枝干（指一系列箭线表示不同层次的原因）、主干（指较粗的直接指向质量问题的水平箭线）等所组成。

（二）因果分析图绘制

下面结合实例加以说明。

【**例 6-6**】 绘制混凝土强度不足的因果分析图。

因果分析图的绘制步骤与图中箭头方向恰恰相反，是从"结果"开始将原因逐层分解的，具体步骤如下：

（1）明确质量问题即结果。该例分析的质量问题是"混凝土强度不足"，作图时首先由左至右画出一条水平主干线，箭头指向一个矩形框，框内注明研究的问题，即结果。

（2）分析确定影响质量特性大的原因。一般来说，影响质量因素有五大方面，即人、机械、材料、方法、环境等。另外还可以按产品的生产过程进行分析。

（3）将每种大原因进一步分解为中原因、小原因，直至分解的原因可以来取具体措施加以解决为止。

（4）检查图中的所列原因是否齐全，可以对初步分析结果广泛征求意见进行补充及修改。

（5）选择出影响大的关键因素，以便重点采取措施。

图 6-17 是混凝土强度不足的因果分析图。

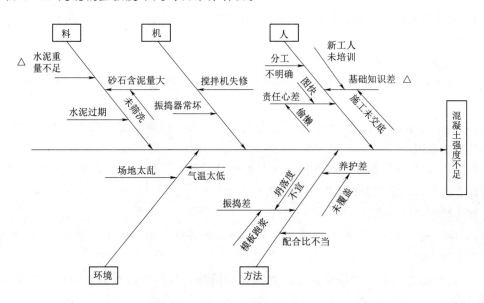

图 6-17 混凝土强度不足的因果分析图

（三）因果分析图分析

结合［例 6-6］及图 6-17 进行分析。

1. 要因确定

（1）人工要因确定。

1）检查新入职工人培训记录及技术交底情况。经检查，参加技术培训的新入职工人仅占总入职人数的53%，不满足出勤率95%的要求，且施工人员未进行技术交底，确定"基础知识差"为要因。

2）检查施工人员施工记录。经检查，施工人员操作符合施工规范，无"图快""偷懒"行为，确定"责任心差"为非要因。

3）检查施工人员分工情况。经检查，施工人员组织分工明确，职责清晰，确定"分工不明确"为非要因。

（2）机械要因确定。

1）检查搅拌机功能。经检查，施工现场搅拌机工况良好，维护保养记录完整，满足施工要求，确定"搅拌机失修"为非要因。

2）检查振捣器功能。经检查，施工现场振捣器工况良好，维护保养记录完整，满足施工要求，确定"振捣器常坏"为非要因。

（3）材料要因确定。

1）检查水泥包装袋上的有效期。经检查，水泥均在有效期内，确定"水泥过期"为非要因。

2）检查砂石的筛洗记录。经检查，筛洗记录时间连续，内容齐全，确定"砂石含泥量大"为非要因。

3）检查袋装水泥重量。经检查，袋装水泥重量为48kg，不满足50kg的标准，确定"水泥重量不足"为要因。

（4）方法要因确定。

1）检查养护时是否覆盖薄膜。经检查，养护时均覆盖薄膜，确定"养护差"为非要因。

2）检查混凝土配合比。经检查，混凝土配合比满足混凝土强度要求，确定"配合比不当"为非要因。

3）检查混凝土坍落度是否满足要求及模板是否跑浆。经检查，混凝土坍落度适宜且模板没有跑浆，确定"振捣差"为非要因。

（5）环境要因确定。

1）检查施工环境。经检查，施工现场保暖防护装备均满足施工要求，确定"气温太低"为非要因。

2）检查施工场地。经检查，施工现场布局清楚、物品摆放整齐，确定"场地太乱"为非要因。

2. 制定对策

根据混凝土强度不足因果分析图及要因分析，确定了导致混凝土强度不足的主要原因是"基础知识差"与"水泥重量不足"。根据主要原因及现场施工情况制定相应对策，混凝土强度不足主要原因及对策见表6-9。

表 6 - 9　　　　　　　　　　　　产品抗压强度不足主要原因及对策

序号	主要原因	实施对策	具 体 措 施
1	基础知识差	对新入职工人进行培训，对施工人员进行技术交底	1. 通过课堂讲授、分组讨论、案例分析、实操演练等方式对新入职工人进行理论知识传授和专业技能培训。 2. 对施工人员进行施工组织设计、分项工程施工、设计变更等技术交底
2	水泥重量不足	检查袋装水泥重量	1. 检查袋装水泥生产厂家计量器具的精度及维护保养记录。 2. 加强袋装水泥运输和存储管理，减少损耗。 3. 增加袋装水泥抽检频次，确保水泥重量满足要求

六、相关图法

(一) 相关图法的概念

相关图又称散布图。在质量控制中它是用来显示两种质量数据之间关系的一种图形。质量数据之间的关系多属相关关系，一般有三种类型：一是质量特性和影响因素之间的关系；二是质量特性和质量特性之间的关系；三是影响因素和影响因素之间的关系。

可以用 Y 和 X 分别表示质量特性值和影响因素，通过绘制散布图计算相关系数等，分析研究两个变量之间是否存在相关关系，以及这种关系密切程度如何，进而对相关程度密切的两个变量，通过对其中一个变量的观察控制，去估计控制另一个变量的数值，以达到保证产品质量的目的。这种统计分析方法，称为相关图法。

(二) 相关图的绘制方法

1. 收集数据

要成对地收集两种质量数据，数据不得过少。收集数据见表 6 - 10。

表 6 - 10　　　　　　　　　　相 关 图 数 据 表

	序　号	1	2	3	4	5	6	7	8
X	水灰比 W/C	0.4	0.45	0.5	0.55	0.6	0.65	0.7	0.75
Y	强度/(N/mm^2)	36.3	35.3	28.2	24.0	23.0	20.6	18.4	15.0

2. 绘制相关图

在直角坐标系中，一般 X 轴用来代表原因的量或较易控制的量，X 表示水灰比，Y 轴用来代表结果的量或不易控制的量，表示强度。然后将数据中相应的坐标位置上描点，便得到散布图，如图 6 - 18 所示。

(三) 相关图的观察和分析

相关图中点的集合，反映了两种数据之间的散布状况，根据散布状况我们可以分析两个变量之间的关系。归纳起来有以下六种类型，如图 6 - 19 所示。

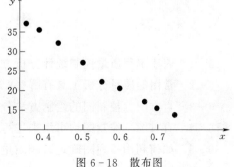

图 6 - 18　散布图

(1) 正相关 [图 6-19 (a)]。散布点基本形成由左至右向上变化的一条直线带，即随 x 增加，y 值也相应增加，说明 x 与 y 有较强的制约关系。此时，可通过对 x 控制而有效控制 y 的变化。

(2) 弱正相关 [图 6-19 (b)]。散布点形成向上较分散的直线带。随 x 值的增加，y 值也有增加趋势，但 x、y 的关系不像正相关那么明确。说明 y 除受 x 影响外，还受其他更重要的因素影响。需要进一步利用因果分析图法分析其他的影响因素。

(3) 不相关 [图 6-19 (c)]。散布点形成一团或平行于 x 轴的直线带。说明 x 变化不会引起 y 的变化或其变化无规律，分析质量原因时可排除 x 因素。

(4) 负相关 [图 6-19 (d)]。散布点形成由左向下的一条直线带，说明 x 对 y 的影响与正相关恰恰相反。

(5) 弱负相关 [图 6-19 (e)]。散布点形成由左至右向下分布的较分散的直线带。说明 x 与 y 的相关关系较弱，且变化趋势相反，应考虑寻找影响 y 的其他更重要的因素。

(6) 非线性相关 [图 6-19 (f)]。散布点呈一曲线带，即在一定范围内 x 增加，y 也增加；超过这个范围 x 增加，y 则有下降趋势。或变动的斜率呈曲线形态。

从图 6-18 可以看出本例水灰比对强度影响是属于负相关。初步结果是，在其他条件不变情况下，混凝土强度随着水灰比增大有逐渐降低的趋势。

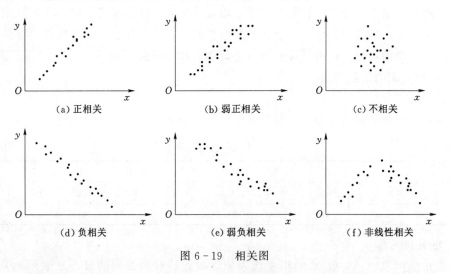

图 6-19　相关图

思　考　题

6-1　简述工程质量控制统计分析方法的工作程序。

6-2　常用的质量分析工具有哪些？

6-3　直方图、控制图的绘制方法分别是什么？

6-4　直方图、控制图均可用来进行工序质量分析，各有什么特点？

6-5　如何利用排列图确定影响质量的主次因素？

附　　录

 项　目　划　分

工程类别	单位工程	分部工程	说　　明
一、拦河坝工程	（一）土质心（斜）墙土石坝	1. 坝基开挖与处理	
		△2. 坝基及坝肩防渗	视工程量可划分为数个分部工程
		△3. 防渗心（斜）墙	视工程量可划分为数个分部工程
		＊4. 坝体填筑	视工程量可划分为数个分部工程
		5. 坝体排水	视工程量可划分为数个分部工程
		6. 坝脚排水棱体（或贴坡排水）	视工程量可划分为数个分部工程
		7. 上游坝面护坡	
		8. 下游坝面护坡	（1）含马道、梯步、排水沟； （2）如为混凝土面板（或预制块）和浆砌石护坡时，应含排水孔及反滤层
		9. 坝顶	含防浪墙、栏杆、路面、灯饰等
		10. 护岸及其他	
		11. 高边坡处理	视工程量可划分为数个分部工程，当工程量很大时，可单列为单位工程
		12. 观测设施	含监测仪器埋设、管理房等。单独招标时，可单列为单位工程
	（二）均质土坝	1. 坝基开挖与处理	
		△2. 坝基及坝肩防渗	视工程量可划分为数个分部工程
		＊3. 坝体填筑	视工程量可划分为数个分部工程
		4. 坝体排水	视工程量可划分为数个分部工程
		5. 坝脚排水棱体（或贴坡排水）	视工程量可划分为数个分部工程
		6. 上游坝面护坡	
		7. 下游坝面护坡	（1）含马道、梯步、排水沟； （2）如为混凝土面板（或预制块）和浆砌石护坡时，应含排水孔及反滤层
		8. 坝顶	含防浪墙、栏杆、路面、灯饰等
		9. 护岸及其他	
		10. 高边坡处理	视工程量可划分为数个分部工程
		11. 观测设施	含监测仪器埋设、管理房等。单独招标时，可单列为单位工程

工程类别	单位工程	分部工程	说　明
一、拦河坝工程	（三）混凝土面板堆石坝	1. 坝基开挖与处理	
		△2. 趾板及周边缝止水	视工程量可划分为数个分部工程
		△3. 坝基及坝肩防渗	视工程量可划分为数个分部工程
		△4. 混凝土面板及接缝止水	视工程量可划分为数个分部工程
		5. 垫层与过渡层	
		6. 堆石体	视工程量可划分为数个分部工程
		7. 上游铺盖和盖重	
		8. 下游坝面护坡	含马道、梯步、排水沟
		9. 坝顶	含防浪墙、栏杆、路面、灯饰等
		10. 护岸及其他	
		11. 高边坡处理	视工程量可划分为数个分部工程，当工程量很大时，可单列为单位工程
		12. 观测设施	含监测仪器埋设、管理房等。单独招标时，可单列为单位工程
	（四）沥青混凝土面板（心墙）堆石坝	1. 坝基开挖与处理	视工程量可划分为数个分部工程
		△2. 坝基及坝肩防渗	视工程量可划分为数个分部工程
		△3. 沥青混凝土面板（心墙）	视工程量可划分为数个分部工程
		＊4. 坝体填筑	视工程量可划分为数个分部工程
		5. 坝体排水	
		6. 上游坝面护坡	沥青混凝土心墙土石坝有此分部
		7. 下游坝面护坡	含马道、梯步、排水沟
		8. 坝顶	含防浪墙、栏杆、路面、灯饰等
		9. 护岸及其他	
		10. 高边坡处理	视工程量可划分为数个分部工程，当工程量很大时，可单列为单位工程
		11. 观测设施	含监测仪器埋设、管理房等。单独招标时，可单列为单位工程
	（五）合土工膜斜（心）墙土石坝	1. 坝基开挖与处理	
		△2. 坝基及坝肩防渗	
		△3. 土工膜斜（心）墙	
		＊4. 坝体填筑	视工程量可划分为数个分部工程
		5. 坝体排水	
		6. 上游坝面护坡	
		7. 下游坝面护坡	含马道、梯步、排水沟
		8. 坝顶	含防浪墙、栏杆、路面、灯饰等
		9. 护岸及其他	
		10. 高边坡处理	视工程量可划分为数个分部工程
		11. 观测设施	含监测仪器埋设、管理房等。单独招标时，可单列为单位工程

工程类别	单位工程	分部工程	说　明
一、拦河坝工程	（六）混凝土（碾压混凝土）重力坝	1. 坝基开挖与处理	
		△2. 坝基及坝肩防渗与排水	
		3. 非溢流坝段	视工程量可划分为数个分部工程
		△4. 溢流坝段	视工程量可划分为数个分部工程
		＊5. 引水坝段	
		6. 厂坝联结段	
		△7. 底孔（中孔）坝段	视工程量可划分为数个分部工程
		8. 坝体接缝灌浆	
		9. 廊道及坝内交通	含灯饰、路面、梯步、排水沟等。如为无灌浆（排水）廊道，本分部应为主要分部工程
		10. 坝顶	含路面、灯饰、栏杆等
		11. 消能防冲工程	视工程量可划分为数个分部工程
		12. 高边坡处理	视工程量可划分为数个分部工程，当工程量很大时，可单列为单位工程
		13. 金属结构及启闭机安装	视工程量可划分为数个分部工程
		14. 观测设施	含监测仪器埋设、管理房等。单独招标时，可单列为单位工程
	（七）混凝土（碾压混凝土）拱坝	1. 坝基开挖与处理	
		△2. 坝基及坝肩防渗排水	视工程量可划分为数个分部工程
		3. 非溢流坝段	视工程量可划分为数个分部工程
		△4. 溢流坝段	
		△5. 底孔（中孔）坝段	
		6. 坝体接缝灌浆	视工程量可划分为数个分部工程
		7. 廊道	含梯步、排水沟、灯饰等。如为无灌浆（排水）廊道，本分部应为主要分部工程
		8. 消能防冲	视工程量可划分为数个分部工程
		9. 坝顶	含路面、栏杆、灯饰等
		△10. 推力墩（重力墩、翼坝）	
		11. 周边缝	仅限于有周边缝拱坝
		12. 铰座	仅限于铰拱坝
		13. 高边坡处理	视工程量可划分为数个分部工程
		14. 金属结构及启闭机安装	视工程量可划分为数个分部工程
		15. 观测设施	含监测仪器埋设、管理房等。单独招标时，可单列为单位工程

工程类别	单位工程	分部工程	说　明
一、拦河坝工程	（八）浆砌石重力坝	1. 坝基开挖与处理	
		△2. 坝基及坝肩防渗排水	视工程量可划分为数个分部工程
		3. 非溢流坝段	视工程量可划分为数个分部工程
		△4. 溢流坝段	
		＊5. 引水坝段	
		6. 厂坝联结段	
		△7. 底孔（中孔）坝段	
		△8. 坝面（心墙）防渗	
		9. 廊道及坝内交通	含灯饰、路面、梯步、排水沟等。如为无灌浆（排水）廊道，本分部应为主要分部工程
		10. 坝顶	含路面、栏杆、灯饰等
		11. 消能防冲工程	视工程量可划分为数个分部工程
		12. 高边坡处理	视工程量可划分为数个分部工程
		13. 金属结构及启闭机安装	
		14. 观测设施	含监测仪器埋设、管理房等。单独招标时，可单列为单位工程
	（九）浆砌石坝	1. 坝基开挖与处理	
		△2. 坝基及坝肩防渗排水	
		3. 非溢流坝段	视工程量可划分为数个分部工程
		△4. 溢流坝段	
		△5. 底孔（中孔）坝段	
		△6. 坝面防渗	
		7. 廊道	含灯饰、路面、梯步、排水沟等
		8. 消能防冲	
		9. 坝顶	含路面、栏杆、灯饰等
		△10. 推力墩（重力墩、翼坝）	视工程量可划分为数个分部工程
		11. 高边坡处理	视工程量可划分为数个分部工程
		12. 金属结构及启闭机安装	
		13. 观测设施	含监测仪器埋设、管理房等。单独招标时，可单列为单位工程
	（十）橡胶坝	1. 坝基开挖与处理	
		2. 基础底板	
		3. 边墩（岸墙）、中墩	
		4. 铺盖或截渗墙、上游翼墙及护坡	
		5. 消能防冲	
		△6. 坝袋安装	

工程类别	单位工程	分部工程	说　明
一、拦河坝工程	(十) 橡胶坝	△7. 控制系统	含管路安装、水泵安装、空压机安装
		8. 安全与观测系统	含充水坝安全溢流设备安装、排气阀安装；充气坝安全阀安装、水封管（或 U 形管）安装；自动塌坝装置安装；坝袋内压力观测设施安装，上下游水位观测设施安装
		9. 管理房	房建按《建筑工程施工质量验收统一标准》（GB 50300—2013）划分分项工程
二、泄洪工程	(一) 溢洪道工程（含陡槽溢洪道、侧堰溢洪道、竖井溢洪道）	△1. 地基防渗及排水	
		2. 进水渠段	
		△3. 控制段	
		4. 泄槽段	
		5. 消能防冲段	视工程量可划分为数个分部工程
		6. 尾水段	
		7. 护坡及其他	
		8. 高边坡处理	视工程量可划分为数个分部工程
		9. 金属结构及启闭机安装	视工程量可划分为数个分部工程
	(二) 泄洪隧洞（防空洞、排砂洞）	△1. 进水口或竖井（土建）	
		2. 有压洞身段	视工程量可划分为数个分部工程
		3. 无压洞身段	
		△4. 工作闸门段（土建）	
		5. 出口消能段	
		6. 尾水段	
		△7. 导流洞堵体段	
		8. 金属结构及启闭机安装	
三、枢纽工程中的引水工程	(一) 坝体引水工程（含发电、灌溉、工业及生活取水口工程）	△1. 进水闸室段（土建）	
		2. 引水渠段	
		3. 厂坝联结段	
		4. 金属结构及启闭机安装	
	(二) 引水隧洞及压力管道工程	△1. 进水闸室段（土建）	
		2. 洞身段	视工程量可划分为数个分部工程
		3. 调压井	
		△4. 压力管道段	
		5. 灌浆工程	含回填灌浆、固结灌浆、接缝灌浆
		6. 封堵体	长隧洞临时支洞
		7. 封堵闸	长隧洞永久支洞
		8. 金属结构及启闭机安装	

工程类别	单位工程	分部工程	说　明
四、发电工程	（一）地面发电厂房工程	1. 进口段（指闸坝式）	
		2. 安装间	
		3. 主机段	土建，每台机组段为一个分部工程
		4. 尾水段	
		5. 尾水渠	
		6. 副厂房、中控室	安装工作量大时，可单列控制盘柜安装分部工程。房建工程按 GB 50300—2013 划分分项工程
		△7. 水轮发电机组安装	以每台机组安装工程为一个分部工程
		8. 辅助设备安装	
		9. 电气设备安装	电气一次、电气二次可分列分部工程
		10. 通信系统	通信设备安装，单独招标时，可单列为单位工程
		11. 金属结构及启闭（起重）设备安装	拦污栅、进口及尾水闸门启闭机、桥式起重机可单列分部工程
		△12. 主厂房房建工程	按 GB 50300—2013 划分分项工程
		13. 厂区交通、排水及绿化	含道路、建筑小品、亭台、花坛、场坪绿化、排水沟渠等
	（二）地下发电厂房工程	1. 安装间	
		2. 主机段	土建，每台机组段为一个分部工程
		3. 尾水段	
		4. 尾水洞	
		5. 副厂房、中控室	在安装工作量大时，可单列控制盘柜安装分部工程。房建工程按 GB 50300—2013 划分分项工程
		6. 交通隧洞	视工程量可划分为数个分部工程
		7. 出线洞	
		8. 通风洞	
		△9. 水轮发电机组安装	每台机组为一个分部工程
		10. 辅助设备安装	
		11. 电气设备安装	电气一次、电气二次可分列分部工程
		12. 金属结构及启闭（起重）设备安装	尾水闸门启闭机、桥式起重机可单列分部工程
		13. 通信系统	通信设备安装，单独招标时，可单列为单位工程
		14. 砌体及装修工程	按 GB 50300—2013 划分分项工程

续表

工程类别	单位工程	分部工程	说　明
四、发电工程	（三）坝内式发电厂房工程	△1. 进水口闸室段（土建）	
		2. 压力管道	
		3. 安装间	
		4. 主机段	土建，每台机组段为一个分部工程
		5. 尾水段	
		6. 副厂房及中控室	在安装工作量大时，可单列控制盘柜安装分部工程。房建工程按 GB 50300—2013 划分分项工程
		△7. 水轮发电机组安装	每台机组为一个分部工程
		8. 辅助设备安装	
		9. 电气设备安装	电气一次、电气二次可分列分部工程
		10. 通信系统	通信设备安装，单独招标时，可单列为单位工程
		11. 交通廊道	含梯步、路面、灯饰工程。电梯按 GB 50300—2013 划分分项工程
		12. 金属结构及启闭（起重）设备安装	视工程量可划分为数个分部工程
		13. 砌体及装修工程	按 GB 50300—2013 划分分项工程
五、升压变电工程	地面升压变电站、地下升压变电站	1. 变电站（土建）	
		2. 开关站（土建）	
		3. 操作控制室	房建工程按 GB 50300—2013 划分分项工程
		△4. 主变压器安装	
		5. 其他电气设备安装	按设备类型划分
		6. 交通洞	仅限于地下升压站
六、水闸工程	泄洪闸、冲砂闸、进水闸	1. 上游联结段	
		2. 地基防渗及排水	
		△3. 闸室段（土建）	
		4. 消能防冲段	
		5. 下游联结段	
		6. 交通桥（工作桥）	含栏杆、灯饰等
		7. 金属结构及启闭机安装	视工程量可划分为数个分部工程
		8. 闸房	按 GB 50300—2013 划分分项工程

工程类别	单位工程	分部工程	说　明
七、过鱼工程	（一）鱼闸工程	1. 上鱼室	
		2. 井或闸室	
		3. 下鱼室	
		4. 金属结构及启闭机安装	
	（二）鱼道工程	1. 进口段	
		2. 槽身段	
		3. 出口段	
		4. 金属结构及启闭机安装	
八、航运工程	（一）船闸工程	按《水运工程质量检验标准》（JTS 25—2008）表 2.0.2-1、表 2.0.2-2 和表 2.0.2-3 划分分部工程和分项工程	
	（二）升船机工程	1. 上引航道及导航建筑物	按 JTS 257—2008 划分分项工程
		2. 上闸首	按 JTS 257—2008 划分分项工程
		3. 升船机主体	含普通混凝土、混凝土预制构件制作、混凝土预制构件安装、钢构件安装、承船厢制作、承船厢安装、升船机制作、升船机安装、机电设备安装等
		4. 下闸首	按 JTS 257—2008 划分分项工程
		5. 下引航道	按 JTS 257—2008 划分分项工程
		6. 金属结构及启闭机安装	按 JTS 257—2008 划分分项工程
		7. 附属设施	按 JTS 257—2008 划分分项工程
九、交通工程	（一）永久性专用公路工程	按《公路工程质量检验评定标准》（JTG F80/1～2—2004）进行项目划分	
	（二）永久性专用铁路工程	按铁道部发布的铁路工程有关规定进行项目划分	
十、管理设施	永久性辅助性生产房屋及生活用房按 GB 50300—2013 进行项目划分		

注　分部工程名称前加"△"者为主要分部工程。加"＊"者可定为主要分部工程，也可定为一般分部工程，视实际情况决定。

附表 2－1　　　　　　　混凝土单元工程质量评定表（有工序）

单位工程名称		单元工程量	
分部工程名称		施工单位	
单元工程名称、部位		评定日期	年　月　日

项次	工序名称	工序质量等级
1	基础面或混凝土施工缝处理	
2	模板	
3	△钢筋	
4	止水、伸缩缝和排水管安装	
5	△混凝土浇筑	

评　定　意　见	单元工程质量等级
工序质量全部合格，主要工序——钢筋、混凝土浇筑 两工序质量，工序质量优良率为____％	

施工单位	年　月　日	建设（监理） 单位	年　月　日

附表 2－2　　　　　　　　**混凝土单元工程质量评定表（例表）**

单位工程名称	混凝土大坝	单元工程量	混凝土 788m
分部工程名称	溢流坝段	施工单位	×××水利水电第二工程局
单元工程名称、部位	5#坝段，V2.5～V4.0m	评定日期	××××年××月××日

项次	工序名称	工序质量等级
1	基础面或混凝土施工缝处理	优良
2	模板	合格
3	△钢筋	优良
4	止水、伸缩缝和排水管安装	合格
5	△混凝土浇筑	优良

评　定　意　见	单元工程质量等级
工序质量全部合格，主要工序——钢筋、混凝土浇筑两工序质量优良，工序质量优良率为 60.0%	优良

施工单位	××××年××月××日	建设（监理）单位	××××年××月××日

附表 2－3　　　　　　　岩石边坡开挖单元工程质量评定表（无工序）

单位工程名称		单元工程量	
分部工程名称		施工单位	
单元工程名称、部位		检验日期	年　月　日

项次	检查项目	质量标准	检验记录
1	△保护层开挖	浅孔、密孔、少药量、火炮爆破	
2	△平均坡度	小于或等于设计坡度	
3	开挖坡面	稳定、无松动岩块	

项次	检测项目		设计值	允许偏差/cm	实测值	合格数/点	合格率/%
1	坡脚标高			＋20 －10			
2	坡面局部 超欠挖	斜长小于 等于15m		＋30 －20			
3		斜长大于 15m		＋50 －30			

检测结果	共检测　　点，其中合格　　点，合格率　　%

评　定　意　见	单元工程质量等级
主要检查项目全部符合质量标准。一般检查项目_____质量标准。 检测项目实测点合格率____%	

施工单位	年　月　日	建设（监理） 单位	年　月　日

附表 2－4　　　　　　　　岩石边坡开挖单元工程质量评定表（例表）

单位工程名称	混凝土大坝	单元工程量	1117m³，423m²
分部工程名称	溢流坝段	施工单位	×××水利水电第二工程局
单元工程名称、部位	5#坝段边坡开挖	检验日期	××××年××月××日

项次	检查项目	质量标准	检验记录
1	△保护层开挖	浅孔、密孔、少药量、火炮爆破	（见附页）
2	△平均坡度	小于或等于设计坡度（设计边坡1：0.5）	抽查6个断面，坡度为1：0.52～1：0.76
3	开挖坡面	稳定、无松动岩块	坡面稳定，无松动岩块

项次	检测项目		设计值	允许偏差/cm	实测值（单位：项次 1m，项次 2cm）	合格数/点	合格率/%
1	坡脚标高		－10m	＋20 －10	－10.05，－9.95，－10.00，－10.11 －10.17，－9.90，－10.18，－10.01 －9.86，－10.12，－10.13，－9.93	11	91.6
2	坡面局部超欠挖	斜长小于等于15m		＋30 －20	＋7，＋16，＋3，－15，－2 ＋8，－10，－23，＋11，＋5 －12，－5，－4，＋21	13	92.9
3		斜长大于15m		＋50 －30	—		

检测结果	共检测26点，其中合格24点，合格率92.3%

评　定　意　见	单元工程质量等级
主要检查项目全部符合质量标准。一般检查项目符合质量标准。检测项目实测点合格率92.3%	优良

施工单位	××××年××月××日	建设（监理）单位	××××年××月××日

附表 2－5　　　　　　　　　　造孔灌注桩基础单元工程质量评定表

单位工程名称		单元工程量	
分部工程名称		施工单位	
单元工程名称、部位		检验日期	年　月　日

项次	检查项目		质 量 标 准	各孔检测结果						
1	钻孔	孔位偏差	单桩、条形桩基沿垂直轴线方向和群桩基础边桩的偏差小于 1/6 桩设计直径，其他部位桩的偏差小于 1/4 桩径							
2		孔径偏差	＋10cm，－5cm							
3		△孔斜率	＜1%							
4		△孔深	不得小于设计孔深							
5	清孔	△孔底淤积厚度	端承桩小于等于 10cm，摩擦桩小于等于 30cm							
6		孔内浆液密度	循环 1.15～1.25g/cm³，原孔造浆 1.1g/cm³ 左右							
7	混凝土浇筑	导管埋深	埋深大于 1m，小于等于 6m							
8		钢筋笼安放	符合设计要求							
9		△混凝土上升度	≥2m/h 或符合设计要求							
10		混凝土坍落度	18～22cm							
11		混凝土扩散度	34～38cm							
12		浇筑最终高度	符合设计要求							
13		△施工记录、图表	齐全、准确、清晰							
各孔质量评定										

本单元工程内共有＿＿孔，其中优良＿＿孔，优良率＿＿%

混凝土质量指标和桩的载荷测试	说明情况和测试成果
评 定 意 见	单元工程质量等级
单元工程内，各灌注桩全部达合格标准，其中优良桩有＿＿%，混凝土抗压强度保证率为＿＿%	

施工单位	年　月　日	建设（监理）单位	年　月　日

附表 2-6　　　　　　　　　　造孔灌注桩基础单元工程质量评定表（例表）

单位工程名称		抽水站	单元工程量	桩基长度180m，混凝土141m³
分部工程名称		进水口段排桩	施工单位	×××水利水电第三工程局
单元工程名称、部位		90号~881号	检验日期	××××年××月××日

项次	检查项目		质 量 标 准	各孔检测结果							
				1	2	3	4	5	6	7	8
1	钻孔	孔位偏差	单桩、条形桩基沿垂直轴线方向和群桩基础边桩的偏差小于1/6桩设计直径，其他部位桩的偏差小于1/4桩径								
2		孔径偏差	+10cm，-5cm								
3		△孔斜率	<1%								
4		△孔深	不得小于设计孔深（10m）								
5	清孔	△孔底淤积厚度	端承桩小于等于10cm，摩擦桩小于等于30cm								
6		孔内浆液密度	循环1.15~1.25g/cm³，原孔造浆1.1g/cm³左右								
7	混凝土浇筑	导管埋深	埋深大于1m，小于等于6m								
8		钢筋笼安放	符合设计要求（见附页）								
9		△混凝土上升速度	≥2m/h或符合设计要求								
10		混凝土坍落度	18~22cm								
11		混凝土扩散度	34~38cm								
12		浇筑最终高度	符合设计要求（见附页）								
13		△施工记录、图表	齐全、准确、清晰								
各孔质量评定											

本单元工程内共有10孔，其中优良9孔，优良率90.0%

混凝土质量指标和桩的载荷测试	说明情况和测试成果混凝土设计标号C25，混凝土强度为27.1~32.6MPa，强度保证率96.3%，C_V=0.126

评 定 意 见	单元工程质量等级
单元工程内，各灌注桩全部达合格标准，其中优良桩有90.0%，混凝土抗压强度保证率为96.3%	优良

施工单位	××××年××月××日	建设（监理）单位	××××年××月××日

附表3 分部工程施工质量评定表

单位工程名称		施工单位	
分部工程名称		施工日期	自 年 月 日至 年 月 日
分部工程量		评定日期	年 月 日

项次	单元工程类别	工程量	单元工程个数	合格个数	其中优良个数	备注
1						
2						
3						
4						
5						
6						
合计						
主要单元工程、重要隐蔽工程及关键部位的单元工程						

施工单位自评意见	监理单位复核意见
本分部工程的单元工程质量全部合格，优良率为____％，主要单元工程、重要隐蔽工程及关键部位单元工程项，质量_____。施工中_____发生过____质量事故。原材料质量_____，金属结构、启闭机质量_____，机电产品质量_____。中间产品质量_____。 分部工程质量等级： 质检部门评定人： 项目经理或经理代表：（盖公章） 年 月 日	复核意见： 分部工程质量等级： 监理工程师： 年 月 日 总监或总监代表：（盖公章） 年 月 日

质量监督机构核定	核备意见： 核备等级： 核定人：（签名） 项目站负责人：（签名） 年 月 日 年 月 日

附表 4

单位工程施工质量评定表

工程项目名称			施工单位		
单位工程名称			施工日期	自 年 月 日至 年 月 日	
单位工程量			评定日期	年 月 日	

序号	分部工程名称	质量等级		序号	分部工程名称	质量等级	
		合格	优良			合格	优良
1				8			
2				9			
3				10			
4				11			
5				12			
6				13			
7				14			

分部工程共　　个,其中优良　　个,优良率　　%,主要分部工程优良率　　%

原材料质量	
中间产品质量	
金属结构、启闭机制造质量	
机电产品制造质量	
外观质量	应得　　分,实得　　分,得分率　　%
施工质量检验资料	
质量事故情况	

施工单位自评等级: 评定人: 项目经理:(公章) 年 月 日	监理复核等级: 复核人: 总监理工程师:(公章) 年 月 日	质量监督机构核定等级: 核定人: 项目监督负责人:(公章) 年 月 日

附表5 工程项目质量评定表

工程项目名称		项目法人（建设单位）	
工程等级		设计单位	
建设地点		监理单位	
主要工程量		施工单位	
开工、竣工日期	年 月至 年 月	评定日期	年 月 日

序号	单位工程名称	单元工程质量统计			分部工程质量统计			单位工程	备注
		个数/个	其中优良/个	优良率/%	个数/个	其中优良/个	优良率/%	质量等级	
1									
2									
3									
4									
5									
6									
7									
8									
9									
10									
单元工程、分部工程合计									

评定结果	本项目有单位工程_____个，质量全部合格。其中优良单位工程_____个，主要建筑物单位工程优良率 %

监理意见	项目法人（建设单位）意见	质量监督机构核定意见
工程项目质量等级： 总监理工程师： 监理单位：（公章） 年 月 日	工程项目质量等级： 法定代表人： 项目法人：（公章） 年 月 日	工程项目质量等级： 项目站长或负责人： 质量监督机构：（公章） 年 月 日

附表 6　　　　　　　　　　　标 准 正 态 分 布 表

x	0.00	0.01	0.02	0.03	0.04	0.05	0.06	0.07	0.08	0.09
0.0	0.5000	0.5040	0.5080	0.5120	0.5160	0.5199	0.5239	0.5279	0.5319	0.5359
0.1	0.5398	0.5438	0.5478	0.5517	0.5557	0.5596	0.5636	0.5675	0.5714	0.5753
0.2	0.5793	0.5832	0.5871	0.5910	0.5948	0.5987	0.6026	0.6064	0.6103	0.6141
0.3	0.6179	0.6217	0.6255	0.6293	0.6331	0.6368	0.6406	0.6443	0.6480	0.6517
0.4	0.6554	0.6591	0.6628	0.6664	0.6700	0.6736	0.6772	0.6808	0.6844	0.6879
0.5	0.6915	0.6950	0.6985	0.7019	0.7054	0.7088	0.7123	0.7157	0.7190	0.7224
0.6	0.7257	0.7291	0.7324	0.7357	0.7389	0.7422	0.7454	0.7486	0.7517	0.7549
0.7	0.7580	0.7611	0.7642	0.7673	0.7703	0.7734	0.7764	0.7794	0.7823	0.7852
0.8	0.7881	0.7910	0.7939	0.7967	0.7995	0.8023	0.8051	0.8078	0.8106	0.8133
0.9	0.8159	0.8186	0.8212	0.8238	0.8264	0.8289	0.8315	0.8340	0.8365	0.8389
1.0	0.8413	0.8438	0.8461	0.8485	0.8508	0.8531	0.8554	0.8577	0.8599	0.8621
1.1	0.8643	0.8665	0.8686	0.8708	0.8729	0.8749	0.8770	0.8790	0.8810	0.8830
1.2	0.8849	0.8869	0.8888	0.8907	0.8925	0.8944	0.8962	0.8980	0.8997	0.9015
1.3	0.9032	0.9049	0.9066	0.9082	0.9099	0.9115	0.9131	0.9147	0.9162	0.9177
1.4	0.9192	0.9207	0.9222	0.9236	0.9251	0.9265	0.9278	0.9292	0.9306	0.9319
1.5	0.9332	0.9345	0.9357	0.9370	0.9382	0.9394	0.9406	0.9418	0.9430	0.9441
1.6	0.9452	0.9463	0.9474	0.9484	0.9495	0.9505	0.9515	0.9525	0.9535	0.9545
1.7	0.9554	0.9564	0.9573	0.9582	0.9591	0.9599	0.9608	0.9616	0.9625	0.9633
1.8	0.9641	0.9648	0.9656	0.9664	0.9671	0.9678	0.9686	0.9693	0.9700	0.9706
1.9	0.9713	0.9719	0.9726	0.9732	0.9738	0.9744	0.9750	0.9756	0.9762	0.9767
2.0	0.9772	0.9778	0.9783	0.9788	0.9793	0.9798	0.9803	0.9808	0.9812	0.9817
2.1	0.9821	0.9826	0.9830	0.9834	0.9838	0.9842	0.9846	0.9850	0.9854	0.9857
2.2	0.9861	0.9864	0.9868	0.9871	0.9874	0.9878	0.9881	0.9884	0.9887	0.9890
2.3	0.9893	0.9896	0.9898	0.9901	0.9904	0.9906	0.9909	0.9911	0.9913	0.9916
2.4	0.9918	0.9920	0.9922	0.9925	0.9927	0.9929	0.9931	0.9932	0.9934	0.9936
2.5	0.9938	0.9940	0.9941	0.9943	0.9945	0.9946	0.9948	0.9949	0.9951	0.9952
2.6	0.9953	0.9955	0.9956	0.9957	0.9959	0.9960	0.9961	0.9962	0.9963	0.9964
2.7	0.9965	0.9966	0.9967	0.9968	0.9969	0.9970	0.9971	0.9972	0.9973	0.9974
2.8	0.9974	0.9975	0.9976	0.9977	0.9977	0.9978	0.9979	0.9979	0.9980	0.9981
2.9	0.9981	0.9982	0.9982	0.9983	0.9984	0.9984	0.9985	0.9985	0.9986	0.9986
3.0	0.9987	0.9990	0.9993	0.9995	0.9997	0.9998	0.9998	0.9999	0.9999	1.0000

参 考 文 献

[1] 管振祥，腾文彦. 工程项目质量管理与安全 [M]. 北京：中国建材出版社，2001.
[2] 中国水利工程协会. 水利工程建设质量控制 [M]. 2 版. 北京：中国水利水电出版社，2007.
[3] 中国水利工程协会. 建设工程质量控制（水利工程）[M]. 3 版. 北京：中国水利水电出版社，2020.
[4] 《水利工程建设标准强制性条文》编制组. 水利工程建设标准强制性条文（2020 年版）[M]. 北京：中国水利水电出版社，2020.
[5] 丰景春. 建设项目质量控制 [M]. 北京：中国水利水电出版社，1998.
[6] 马林，罗国英. 全面质量管理基本知识 [M]. 北京：中国经济出版社，2001.
[7] 《标准文件》编制组. 标准施工招标文件 [M]. 北京：中国计划出版社，2007.
[8] 水利部. 水利水电工程标准施工招标文件 [M]. 北京：中国水利水电出版社，2010.